恩施州"绿水青山就是金山银山"实践创新基地建设实践研究

刘 哲 彭 颖 范宏涛 / 主编

中国环境出版集团·北京

图书在版编目（CIP）数据

恩施州"绿水青山就是金山银山"实践创新基地建设
实践研究 / 刘哲，彭颖，范宏涛主编. -- 北京：中国
环境出版集团，2025. 7. -- ISBN 978-7-5111-6285-4

Ⅰ. X321.263.2

中国国家版本馆 CIP 数据核字第 20250U3A08 号

责任编辑　丁莞歆
封面设计　岳　帅

出版发行　中国环境出版集团
　　　　　（100062　北京市东城区广渠门内大街 16 号）
　　　　　网　　　址：http://www.cesp.com.cn
　　　　　电子邮箱：bjgl@cesp.com.cn
　　　　　联系电话：010-67112765（编辑管理部）
　　　　　　　　　　010-67147349（第四分社）
　　　　　发行热线：010-67125803，010-67113405（传真）
印　　刷　北京建宏印刷有限公司
经　　销　各地新华书店
版　　次　2025 年 7 月第 1 版
印　　次　2025 年 7 月第 1 次印刷
开　　本　787×1092　1/16
印　　张　9.25
字　　数　200 千字
定　　价　56.00 元

编 委 会

前　言

　　习近平总书记指出，绿水青山既是自然财富、生态财富，又是社会财富、经济财富；要牢固树立绿水青山就是金山银山的理念，坚持在发展中保护、在保护中发展；要拓宽绿水青山向金山银山转化的路径，为子孙后代留下山清水秀的生态空间。绿水青山就是金山银山理念是习近平生态文明思想的标志性观点和代表性论断，是习近平生态文明思想的重要组成部分，揭示了经济发展与生态环境保护的辩证统一关系，既是对我国环境与经济发展关系及演变规律的深刻阐释，也是对环境经济学理论的形象概括和发展，体现了发展理念、发展思路、发展方式的深刻变革。2017年，为推进绿水青山就是金山银山理念探索实践，环境保护部启动了"绿水青山就是金山银山"实践创新基地创建工作，遴选转化成效好且形成了具有典型性、代表性和可推广性的转化模式的地区，将其命名为"绿水青山就是金山银山"实践创新基地。

　　湖北省委、省政府高度重视生态文明建设工作，省第十次党代会、省委十届四次全会明确提出"生态立省"重要战略。2013年，湖北成为生态省建设试点。恩施土家族苗族自治州（以下简称恩施州）位于湖北省西南部，处于武陵山腹地，生态环境本底优良，下辖的8个县（市）有7个属于国家重点生态功能区，生态地位重要，在全省、全国生态安全格局中居于重要位置。湖北省委、省政府高度重视恩施州生态文明建设和"绿水青山就是金山银山"实践创新，省第十二次党代会明确了恩施州建设"绿水青山就是金山银山"实践创新示范区的目标定位。恩施州委七届九次全会明确将建设"绿水青山就是金山银山"实践创新基地作为恩施州"十四五"时期经济社会发展的重要目标。为深入贯彻落实绿水青山就是金山银山理念，争创"绿水青山就是金山银山"实践创新基地，恩施州生态环境局委托湖北省生态环境科学研究院（省生态环境工程评估中心）成立技术组，开展恩施州推进"绿水青山就是金山银山"转化路径研究，编制《恩施州"绿水青山就是金山银山"实践创新基地建设实施方案（2021—2023年）》（以下简称《实施方案》）。《实施方案》深入贯彻落实习近平生态文明思想，在系统分析绿水青山就是金山银山理念内涵、综合评估恩施州实践的基础上，提出了恩施州"绿水青山就是金山银山"转化的总体目标，构建了夯实绿水青山本底、保值增值自然资本、壮大金山银山底盘、打造特色文化品牌、打造"绿水青山就是金山银山"转化路径、打造山美民富恩施新名片六大重点任务体系，设置了"绿水青山"守护类和"金山银山"建设类两大工程项目，并明确了推进方案实施的保障措施。2021年6月，恩施州人民政府正式印发《实施方案》。

本书为《实施方案》的前期研究成果，较为系统地从理念内涵、建设基础条件、实践进展、总体思路、重点任务、推进机制等方面开展相关研究。全书共分9章：第1章阐述了绿水青山就是金山银山理念的内涵与地方实践进展；第2章对恩施州推进"绿水青山就是金山银山"建设的基础条件进行了系统分析；第3章梳理了恩施州在"绿水青山就是金山银山"建设方面的实践经验与典型案例，并分析了在新时期面临的问题与挑战，明确了下一阶段的总体思路；第4章到第8章分别为生态系统保护与功能提升研究、生态环境质量改善研究、绿色生态产业体系构建研究、"绿水青山就是金山银山"文化品牌建设研究、"绿水青山就是金山银山"转化长效机制构建研究；第9章为"绿水青山就是金山银山"转化工作推进机制研究。

在《实施方案》编制过程中，技术组得到了湖北省生态环境厅的指导，以及恩施州委、州政府，恩施州生态环境局和恩施州各部门、各县（市）等相关单位工作人员的大力支持，在此一并表示感谢！由于时间和能力有限，难免存在诸多不足之处，随着理论研究与实践探索的持续深入，"绿水青山就是金山银山"实践创新基地建设的总体思路、建设目标、任务体系等也将不断完善。在本书出版之际，希望能够与生态文明理念践行者共同研究、共同探讨、共同推进"绿水青山就是金山银山"实践创新基地建设，从机制层面着手推动绿色低碳的生产和生活方式加快形成。

目　录

第 1 章

绿水青山就是金山银山理念与实践进展

习近平总书记指出，"我们既要绿水青山，也要金山银山。宁要绿水青山，不要金山银山，而且绿水青山就是金山银山。"这一重要论述阐明了经济发展和生态环境保护的关系，揭示了保护生态环境就是保护生产力、改善生态环境就是发展生产力的道理，指明了实现发展和保护协同共生的新路径[1]。党的二十大报告指出，"尊重自然、顺应自然、保护自然，是全面建设社会主义现代化国家的内在要求。必须牢固树立和践行绿水青山就是金山银山的理念，站在人与自然和谐共生的高度谋划发展。"[2]

1.1 绿水青山就是金山银山理念研究进展

绿水青山就是金山银山理念是习近平生态文明思想的核心理念之一[3]。学术界围绕其内涵、转化实践、转化成效、转化路径等方面开展了相关研究，主要集中在以下几个方面。

1.1.1 理念内涵研究

2005 年 8 月，时任中共浙江省委书记的习近平同志在浙江省湖州市安吉县调研时首次提出"绿水青山就是金山银山"的科学论断。绿水青山就是金山银山理念体现了我国的发展阶段论，是生态马克思主义同我国生态建设具体实践相结合的产物[4]，是从人与自然的关系问题出发，寻求我国经济发展和生态环境保护协同并进的发展方式，并最终实现绿水青山就是金山银山的生态发展理念，为新时代我国生态文明建设提供了重要的理论基础[5-7]，是中国特色社会主义生态文明观，为建设美丽中国、实现绿色发展提供了根本指引[6-8]。绿水青山就是金山银山理念具有深刻的理论内涵，在理解上学术界侧重理念的价值观取向和追求目标方面的研究[7]。对于"绿水青山就是金山银山"概念的研究，有广义和狭义之分。从广义来看[8]，"绿水青山"是指自然界中所包含的不同形态的优质生态资源[9]，"金山银山"是指包括经济增长、经济发展水平、收入水平等在内的人们对优美生态环境的需要或者民生福祉[10-13]。从狭义来看[11]，"绿水青山"是指自然界清新的空气、干净的水源、宜人的气候等良好的生态环境，"金山银山"是指丰厚的经济收入或物质财富，而"绿水青山就是金山银山"是指良好的生态环境能带来源源不断的经济收益和丰厚的物质财富[12]。王金南等[13]从绿水青山的基本属性及其与经济社会发展的关系、与人民福祉增进的关系 3 个角度系统分析了绿水青山就是金山银山理念的内涵。从基本属性来看，绿水青山是自然资产、生态产品与服务，泛指自然环境中的自然资源，包括水、土地、森林、大气、化石能源及由基本生态要素形成的各种生态系统。从与经济社会发展的关系来看，良好的环境质量对吸引人才、吸引投资也很重要，绿水青山不仅是区域和城市经济发展的基础，也是衡量区域和城市综合竞争力的一个重要指标，对于贫困地区而言，青山绿水、宜人景色等良好的生态环境是最大的财富、最重要的资本。从人民福祉的角度来看，良好的生态环境是最公平的公共产品，是最普惠的民生福祉，绿水青山是人民生活幸福的品质保障。沈满洪[14]认为，绿水青山就是优质的生态环境，就是与优质生态环境关联的生态产品；金山银山就是经济增长或经济收入，就是与收入水平关联的民生福祉。他从源泉论、目的论、阶段论、方法论、民生论、发展论、制度论 7 个方面简述了绿水青山就是金山银山的理念意蕴。赵建军[15]认为，绿水青山就是金山银山理念是当代中国发展方式绿色化转型的本质体现，也是中国特色社会主义生态文明建设理论的重要组成部分。陈倩倩[16]从生态伦理的角度出发，认为绿水青山就是金山银山理念是在新时代、新的历史方位上对马克思所倡导的自然主义与人道主义辩证互动的继承和深化发展。杨向荣等[17]从中国传统哲学的角度出发，认为绿水青山就是金山银山理论命题以自然诗意回归为审美内涵，是中国传统哲学"天人合一"思想的当代表达，体现了"自然栖居"的生态学审美旨归。这个命题的提出基于对人与自然关系的重新审视与调整，在生态审美上对美丽中国进行了隐喻表述，为人类命运共同体的建构提供助力，使人类走向诗意的栖居，呈现生态学人文情怀的诗性品格建构。黄承梁[18]从唯物史观和自然史观的视角提出了"人类纪元—人类世—生态纪" 3 个史观维度，与"我们既要绿水青山，也要金山银山。宁要绿水青山，不要金山银山，而且绿水青山就是金山银山"相印证。赵建军等[19]认为，绿水青山就是金山银山这一论断体现了马克思主义生态自然观的本质特性，指明了人与自然从冲突走向和谐的方向。卢宁[20]认为，绿水青山就是金山银山理念从生产力视角回答了"以什么样的生产力观来处理生态环境与生产力关系"的问题。郇庆治[21]认为，绿水青山就是金山银山这一论断是社会主义生态文明观的形象化表达。周宏春[22]认为，绿水青山就是金山银山代表了生态环境价值的本来面貌，反映了人对自然生态价值的认识回归。胡咏君等[23]认为，"绿水青山就是金山银山"转化路径实质上就是生态资源转化为生态资产，即自然资源的市场化、价值化。杜艳春等[24]认为，"绿水青山"所表征的自然资源系统与"金山银山"所表征的经济社会系统均为自然经济社会复合生态系统的组成部分，其内涵可以表达为"青山金山同在、经济生态均强"。

1.1.2　转化实践研究

部分学者[12, 25-29]分别从浙江省、湖州市、丽水市和安吉县等省、市、县层面总结了各地落实绿水青山就是金山银山理念的思路、具体举措和实践成效。例如，浙江省打出了一套以治水为突破口，以"五水共治"、"三改一拆"、"四换三名"、"四边三化"、浙商回归、"一打三整治"、创新驱动、市场主体升级、小微企业成长、七大产业培育"十招拳法"为主要内容的转型升级"组合拳"，积极探索绿色、循环、低碳发展模式，形成落实绿水青山就是金山银山理念的生态治理、生态经济优势；探索建立空间准入、总量准入、项目准入"三位一体"及专家评价、公众评议"两评结合"的新型环境准入制度，从源头上控制环境污染和生态破坏，形成生态制度优势；坚持开展美丽创建行动，持续实施"千村示范、万村整治"工程，形成生态建设优势。湖州市建立起环境行政执法与刑事司法相衔接的机制，严厉打击环境违法行为；建立水源地保护生态补偿、矿产资源开发补偿、排污权有偿使用和交易等制度，深化资源要素市场化改革，通过机制、制度创新切实保障"绿水青山就是金山银山"转化实践。丽水市在全国率先建立科学合理且可操作的价值核算评估机制，试行与生态产品质量和价值相挂钩的财政奖补机制，建立基于生态系统生产总值（GEP）核算成果的应用机制，为"绿水青山就是金山银山"转化提供了制度支撑；重点抓好源头严防、过程严管、责任严查"三个严"，为巩固深化转化成果提供了保障。安吉县在全省率先实施以"限药、减肥、禁烧"为重点的农业面源污染治理，以水源保护地、自然保护区为核心逐年扩大封山育林面积，养护好绿水青山，采取农民不上山耕作、财政给予补助等方式，推动"靠山吃山"向"养山富山"转变。洪晓群[25]、张修玉等[26]总结了深圳市大鹏新区推进"绿水青山就是金山银山"实践创新基地建设的经验，主要表现在 4 个方面：在生态价值方面，坚持生态立区，推动大鹏半岛生态资源价值持续增值；在体制机制方面，以生态资产核算为抓手推动"绿水青山就是金山银山"转化机制改革，在全国推出首张"编实"①的自然资源资产负债表，构建自然资源资产价值核算和自然资源资产负债表体系，建立首例任期生态审计制度，率先实施货币化生态补偿制度；在开发模式方面，率先将生态环境导向的开发（EOD）模式作为发展主战略，建立区域 EOD 管理模式；在转化模式方面，实践形成了"山海生态+"全域旅游绿色产业、生命健康未来产业、海洋特色新兴产业和绿色低碳、清洁能源供应体系 4 种模式。贵州省赤水市坚持走绿色发展道路，保护可循环性开发绿色资源，结合天然林资源保护工程的要求，选择"退耕还竹"的生态治理模式，利用荒草地大作"竹文章"，还充分利用林下空间，发展林下养鸡、石上栽药等特色高效农业[27]。福建省

---

① "编实"是指在编制自然资源资产负债表时，确保数据的真实性、准确性、完整性和可靠性，全面、客观、科学地反映自然资源的存量、质量、权属、变动情况及对应的生态价值或经济价值等信息。

南平市做活"水文章",首创"水美城市"建设,把水生态修复和水环境治理作为基础性工程,同时突出产城融合,发展水美新业态、新经济,创新"商、居、文、游"一体的水岸经济模式,既不断完善了城市设施、功能,又打造出一批亲水旅游等新业态,实现城市颜值与产业价值的双提升,探索走出了一条长期可持续拉动投资的特色之路,让绿水青山流光溢彩[28]。山东省荣成市积极推进海岸带保护修复工程,在筑牢海岸带生态屏障的基础上统筹推进陆海污染防治,立足海、岛、礁、湖、林等旅游资源,先后构建了滨海休闲、康养、文化体验等新业态形式,培育出区域"文、旅、康、产"融合发展的新的增长点,坚持保护与开发并重,打通了绿水青山向金山银山的转化通道[29];蒙阴县"绿水青山就是金山银山"实践创新基地建设模式可概述为"生态立县、社会参与、制度创新、惠民富民"[30]。江西省上饶市搭建政策协同框架和部门联动机制,系统性地提供金融支持,建立贷款担保、贴息和风险补偿机制,整体性引导金融倾斜,实行"修复—发展—带动"的金融支持模式,有针对性地增加金融供给,以金融支持赋能转化实践[31];吉安市万安县充分发挥山水生态资源优势,打造壮大富硒全产业链和生态鱼全产业链,推出"生态贷""富硒贷"等金融产品,畅通融资链,组建万安县两山集团有限公司,建立线下线上商城,打通交易链,构建起"绿水青山就是金山银山"转化资源链、产业链、融资链、交易链的全链条发展体系[32]。湖北省五峰镇积极挖掘"林药蜂"档案资源,用历史、故事赋予产品特有魅力和附加价值,助力生态价值转化,2019 年其"推动生物多样性保护与减贫协同发展"的中蜂养殖案例成功入选"全球 110 个减贫最佳案例",并被写入由国务院新闻办公室发表的《中国的生物多样性保护》白皮书[33]。

在地方实践经验的基础上,有学者对全国"绿水青山就是金山银山"实践创新基地建设的实践经验进行了总结与概括,提出了"绿水青山就是金山银山"转化的主要模式。例如,董战峰等[34]以全国 52 个"绿水青山就是金山银山"实践创新基地为案例地区,将地方实践经验总结为护美绿水青山型和做大金山银山型两大类共 12 种模式,并明确了转化模式的主要特征与典型地区。容冰等[35]基于全国 1 666 个县(市、区)的"绿水青山就是金山银山"转化实践,总结了高效农业型、循环经济型、特色旅游型、融合发展型、创新创业型 5 种转化模式。蔡蕾[36]按照不同区域的自然资源禀赋及经济社会发展水平,概括了"守绿换金""添绿增金""点绿成金""借绿生金"4 种转化模式:对于生态安全屏障地区,主要是通过转移支付、生态补偿、设立生态管护员工作岗位等方式实现"守绿换金";对于生态环境本底较差或生态环境脆弱的地区,则通过复绿、增绿等生态环境保护与建设措施不断夯实绿色可持续发展根基,实现"添绿增金";对于生态环境本底好、特色产业比较发达的地区,以发展"生态+"产业和打造生态品牌为主要抓手,延伸上下游产业链,提升产业绿色化水平,将生态优势转化为高质量发展优势,实现"点绿成金";对于生态环境优良、资源丰富、区域生态文明体制改革创新能力较强的地区,以建立绿色资本市场、发展绿色金融为主要路径和突破口，实现"借绿生金"。通过各地的探索实践，一批可复制、可推广的实践样本不断形成，有力提升了地方绿色发展成色，推动了生态效益和社会效益的统一[37]。

1.1.3　转化成效研究

在理论层面，部分学者基于对"绿水青山就是金山银山"转化内涵的理解，探索构建了转化成效的评价体系并进行了测算。例如，孙崇洋等[38]在辨析绿水青山与金山银山内涵的基础上构建了"绿水青山就是金山银山"实践成效评价指标体系，对浙江省 11 个城市的实践成效进行了测算和分析。高涵等[39]构建了基于绿色全要素生产率的"绿水青山就是金山银山"转化效率测度方法，测算了浙江省各地市的转化效率。张礼黎等[40]通过构建价值转化的能值输入/输出模型，以可更新资源、不可更新资源和进口流组成输入端，以期望产出产品和非期望产出产品组成输出端，测算了广西壮族自治区"绿水青山就是金山银山"转化水平。朱佳天等[41]立足于"绿水青山就是金山银山"转化的概念内涵、路径机制及制度保障等理论体系基础，通过对比可持续发展、循环经济及绿色发展等评价指标，从转化条件、转化能力、转化效果等维度构建了包含 52 项指标的评价指标体系，提出了转化指数计算方法并划分了等级标准。陈梅等[42]以生态系统价值核算相关理论和方法为基础，构建了基于生态产品价值、生态调节价值和生态文化价值的"绿水青山就是金山银山"实践创新基地 GEP 核算体系，以生态产品价值和生态文化价值之和评估转化成效，并以浙江省宁海县为例核算了宁海县的 GEP 和"绿水青山就是金山银山"转化价值。翟华云等[43]以绿水青山和金山银山为一级指标，从生态状况、环境质量与转化路径、经济效益、经济质量 4 个方面选取了 11 项三级指标，构建转化指数测度指标体系，量化评估了西部民族地区的转化水平。叶瑞克等[44]在金山银山维度下着重考虑经济增长、科技创新和社会民生 3 个方面的指标，在绿水青山维度下着重考虑环境治理和绿色生活 2 个方面的指标，构建了"绿水青山就是金山银山"转化的高质量发展评价指标体系，以此测度全国 30 个省份的综合发展水平，并分析其时空演进特征。倪琳等[45]聚焦长江经济带，基于绿水青山就是金山银山理念从内生式发展的视角，结合压力-状态-响应模型框架，在考虑绿水青山系统下的压力、状态、响应 3 个子系统及金山银山系统下的经济水平、结构和质量 3 个子系统的前提下，构建了"绿水青山就是金山银山"实践成效评价指标体系。在实践层面，部分省、市也在持续探索"绿水青山就是金山银山"转化成效的评价方法体系。例如，浙江省湖州市编制完成了全国首个《"绿水青山就是金山银山"转化绩效评价指南》，共包括绿水青山、金山银山、转化通道、社会满意度 4 个一级指标项及 6 个二级指标、25 个三级指标，能够对环境质量、绿色发展、质效提升、产业贡献、投入保障、社会满意度等进行全方位的量化评价[46]。山东省提出"两山指数"

评估体系，量化表征"绿水青山就是金山银山"实践创新基地建设成效[47]，与国家规程相比，其对环境空气质量优良天数比例、集中式饮用水水源地水质达标率、林草覆盖率等指标的目标参考值进行了适当放宽，并更新了指标解释和数据来源。浙江省海宁市围绕绿色收益、减污降碳、社会成效等方面，从生态经济、经济效益和社会效益方面共设置了10个指标，发布了全省首个乡镇级"绿水青山就是金山银山"转化指数[48]。

1.1.4　转化路径研究

王金南等[49]认为，在践行绿水青山就是金山银山理念过程中，应该把如何推动"绿水青山就是金山银山"转化作为优先行动与重点任务，实现绿水青山向金山银山的转化既是推动经济社会高质量发展的必然要求，也能为推动全球生态文明建设注入中国信心和力量。未来应该把推动绿水青山向金山银山的有效转化作为中国经济新增长点，以及建设美丽中国、实现中华民族永续发展的支撑点和发力点。罗琼[50]认为，践行绿水青山就是金山银山理念关键是要正确处理好生态环境保护与经济发展之间的关系，正确处理好生态环境保护与民生福祉的关系，正确处理好生态环境保护与中华民族永续发展的关系。徐剑等[51]认为，绿水青山就是金山银山理念系统提出了具体的发展模式，即生态资源的经济化、经济发展的生态化，从而助推实现绿水青山就是金山银山。胡咏君等[52]认为，绿水青山就是金山银山理念的发展路径需要重点解决生态产品生产及区域绿色发展两个问题：解决生态产品生产问题的基本路径是采用生态税费、生态补偿、生态市场和绿色金融等手段，使生态与"空间—产业—主体"互动融合，而实现生态与产业、城市和人口共生是解决区域绿色发展问题的路径。于倩楠等[53]认为，生态补偿和生态产业是"绿水青山就是金山银山"转化行之有效的两大路径，不同的主体功能区因社会经济资源矛盾不同、功能定位不同，在选择转化路径时必须因地制宜。张波等[54]认为，产业生态化和生态产业化的"两化"协同发展是绿水青山就是金山银山理念的实践路径。张云飞[55]则认为，在"两化"相统一的基础上，大力发展生态产业才是践行绿水青山就是金山银山理念的科学实践途径。良好的生态资源是创造财富的基础[56]。胡继妹[57]认为，只有找到了让生态资源、自然资源转化为经济财富和物质财富的有效路径，才能保持长期践行绿水青山就是金山银山理念的战略定力，才能让老百姓守着绿水青山真正地富起来，从而成为实现乡村振兴战略的重要力量源泉。王茹[58]认为，生态产品价值实现机制是实现"绿水青山就是金山银山"转化的关键路径，完善生态产品价值评估机制、完善生态产权制度体系、完善生态产品市场交易机制、完善生态补偿机制是生态产品价值实现的关键路径。朱竑等[59]进一步提出综合生态环境正外部性的物质维度是生态产品价值实现的核心基础，文化服务维度和调节服务维度都是其效益的附加溢出，强调打造区域地理品牌，实现由生态型产品向品牌型产品的转化。齐月等[60]认为，生态产品实现了从有形资产到以无形资产为主要形式实现经济价值转化的模式升级（如科普、农业、工业、服务业研学转化模式等），具有不开发、不消耗生态和空间资源，在科研、技术、智慧、信息、传媒等方面实现高投入，转化周期较短等特点，更利于提升生态功能和社会福祉。王爱国等[61]认为，在"绿水青山就是金山银山"转化实践路径中，确权登记是基础，流域和区域修复是前提，乡村振兴是方向，生态产品（服务）是抓手。

1.2 绿水青山就是金山银山理念发展历程

绿水青山就是金山银山理念经历了习近平同志在浙江工作时期的萌发到在中央工作时期的升华及其后续的延伸 3 个阶段[62]，"绿水青山就是金山银山"这个命题从区域治理观念逐渐上升为治国理政的重要策略。具体来看，绿水青山就是金山银山理念的发展主要经历了如图 1-1 所示的几个重要时间节点。

2005 年 8 月，时任中共浙江省委书记的习近平同志在浙江省湖州市安吉县余村考察时首次提出"绿水青山就是金山银山"的重要论断[63]。在考察余村 9 天之后，习近平同志以笔名"哲欣"在《浙江日报》头版"之江新语"栏目中发表短评《绿水青山也是金山银山》[64]。文章指出："绿水青山可带来金山银山，但金山银山却买不到绿水青山。绿水青山与金山银山既会产生矛盾，又可辩证统一。在鱼和熊掌不可兼得的情况下，我们必须懂得机会成本，善于选择，学会扬弃，做到有所为、有所不为，坚定不移地落实科学发展观，建设人与自然和谐相处的资源节约型、环境友好型社会。在选择之中，找准方向，创造条件，让绿水青山源源不断地带来金山银山。"

2006 年 3 月，习近平同志进一步总结了人类认识"绿水青山就是金山银山"的 3 个阶段：第一个阶段是用绿水青山去换金山银山，不考虑或者很少考虑环境的承载能力，一味索取资源；第二个阶段是既要金山银山，但是也要保住绿水青山，这时候经济发展与资源匮乏、环境恶化之间的矛盾开始凸显出来，人们意识到环境是我们生存发展的根本，要留得青山在，才能有柴烧；第三个阶段是认识到绿水青山可以源源不断地带来金山银山，绿水青山本身就是金山银山，我们种的常青树就是摇钱树，生态优势变成经济优势，形成了一种浑然一体、和谐统一的关系，这一阶段是一种更高的境界[65]。

2013 年 9 月，习近平主席在哈萨克斯坦纳扎尔巴耶夫大学演讲时提出"建设生态文明是关系人民福祉、关系民族未来的大计"[66]。中国要实现工业化、城镇化、信息化、农业现代化，必须要走出一条新的发展道路。中国明确把生态环境保护摆在更加突出的位置。我们既要绿水青山，也要金山银山。宁要绿水青山，不要金山银山，而且绿水青山就是金山银山。我们绝不能以牺牲生态环境为代价换取经济的一时发展。我们提出了建设生态文明、建设美丽中国的战略任务，给子孙留下天蓝、地绿、水净的美好家园[67]。

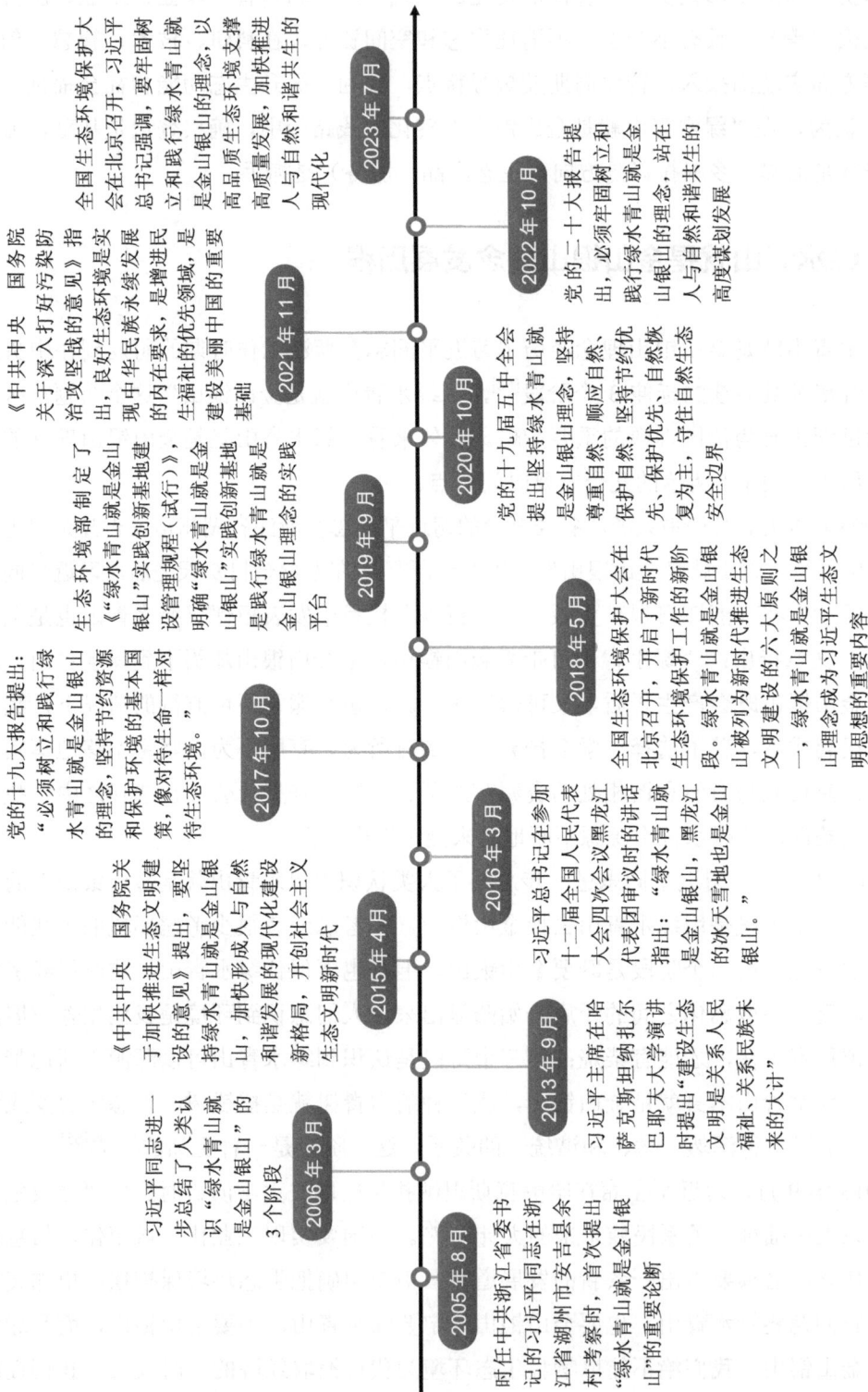

2005 年 8 月 时任中共浙江省委书记的习近平同志在浙江省湖州市安吉县余村考察时,首次提出"绿水青山就是金山银山"的重要论断

2006 年 3 月 习近平同志进一步总结了人类认识"绿水青山就是金山银山"的 3 个阶段

2013 年 9 月 习近平主席在哈萨克斯坦纳扎尔巴耶夫大学演讲时提出"绿水青山就是金山银山,黑龙江的冰天雪地也是金山银山。"

2015 年 4 月 《中共中央 国务院关于加快推进生态文明建设的意见》提出,要坚持绿水青山就是金山银山,加快形成人与自然和谐发展的现代化建设新格局,开创社会主义生态文明新时代

2016 年 3 月 习近平总书记在参加十二届全国人民代表大会四次会议黑龙江代表团审议时的讲话指出:"绿水青山就是金山银山,黑龙江的冰天雪地也是金山银山。"

2017 年 10 月 党的十九大报告提出:"必须树立和践行绿水青山就是金山银山的理念,坚持节约资源和保护环境的基本国策,像对待生命一样对待生态环境。"

2018 年 5 月 全国生态环境保护大会在北京召开,开启了新时代生态环境保护工作的新阶段。绿水青山就是金山银山被列为新时代推进生态文明建设的六大原则之一,绿水青山就是金山银山理念成为习近平生态文明思想的重要内容

2019 年 9 月 生态环境部制定了《"绿水青山就是金山银山"实践创新基地建设管理规程(试行)》,明确"绿水青山就是金山银山"实践创新基地是践行绿水青山就是金山银山理念的实践平台

2020 年 10 月 党的十九届五中全会提出坚持绿水青山就是金山银山理念,坚持尊重自然、顺应自然、保护自然,坚持节约优先、保护优先、自然恢复为主,守住自然生态安全边界

2021 年 11 月 《中共中央 国务院关于深入打好污染防治攻坚战的意见》指出,良好生态环境是实现中华民族永续发展的内在要求,是增进民生福祉的优先领域,是建设美丽中国的重要基础

2022 年 10 月 党的二十大报告提出,必须牢固树立和践行绿水青山就是金山银山的理念,站在人与自然和谐共生的高度谋划发展

2023 年 7 月 全国生态环境保护大会在北京召开,习近平总书记强调,要牢固树立和践行绿水青山就是金山银山的理念,以高品质生态环境支撑高质量发展,加快推进人与自然和谐共生的现代化

图 1-1 "绿水青山就是金山银山"主要政策发展脉络

2015 年 4 月，"绿水青山就是金山银山"写进中央文件《中共中央　国务院关于加快推进生态文明建设的意见》。该意见提出，要充分认识加快推进生态文明建设的极端重要性和紧迫性，切实增强责任感和使命感，牢固树立尊重自然、顺应自然、保护自然的理念，坚持绿水青山就是金山银山，动员全党、全社会积极行动、深入持久地推进生态文明建设，加快形成人与自然和谐发展的现代化建设新格局，开创社会主义生态文明新时代[68]。

2016 年 3 月，习近平总书记在参加十二届全国人民代表大会四次会议黑龙江代表团审议时的讲话指出："绿水青山就是金山银山，黑龙江的冰天雪地也是金山银山。"[69]这里从"绿水青山就是金山银山"延伸出"冰天雪地也是金山银山"，使理念的内涵进一步拓展。同年，环境保护部将浙江省安吉县列为"绿水青山就是金山银山"实践试点县，总结其探索"绿水青山就是金山银山"实践路径的典型做法和经验[70]。

2017 年 10 月，党的十九大明确了我国社会主要矛盾已经转化为人民日益增长的美好生活需要和不平衡不充分的发展之间的矛盾，将坚持人与自然和谐共生作为新时代中国特色社会主义基本方略之一，提出"建设生态文明是中华民族永续发展的千年大计。必须树立和践行绿水青山就是金山银山的理念，坚持节约资源和保护环境的基本国策，像对待生命一样对待生态环境，统筹山水林田湖草系统治理，实行最严格的生态环境保护制度，形成绿色发展方式和生活方式，坚定走生产发展、生活富裕、生态良好的文明发展道路，建设美丽中国，为人民创造良好生产生活环境，为全球生态安全作出贡献"。[71]同年，增强绿水青山就是金山银山的意识被写进《中国共产党章程》。浙江省安吉县等13 个地区①被原环境保护部命名为第一批"绿水青山就是金山银山"实践创新基地[72]。

2018 年 5 月，全国生态环境保护大会在北京召开，开启了新时代生态环境保护工作的新阶段。习近平总书记指出，新时代推进生态文明建设，必须坚持好以下原则：一是坚持人与自然和谐共生，坚持节约优先、保护优先、自然恢复为主的方针，像保护眼睛一样保护生态环境，像对待生命一样对待生态环境，让自然生态美景永驻人间，还自然以宁静、和谐、美丽；二是绿水青山就是金山银山，贯彻创新、协调、绿色、开放、共享的发展理念，加快形成节约资源和保护环境的空间格局、产业结构、生产方式、生活方式，给自然生态留下休养生息的时间和空间；三是良好生态环境是最普惠的民生福祉，坚持生态惠民、生态利民、生态为民，重点解决损害群众健康的突出环境问题，不断满足人民日益增长的优美生态环境需要；四是山水林田湖草是生命共同体，要统筹兼顾、整体施策、多措并举，全方位、全地域、全过程开展生态文明建设；五是用最严格制度

---

① 这 13 个地区是河北省塞罕坝机械林场、山西省右玉县、江苏省泗洪县、浙江省湖州市、浙江省衢州市、浙江省安吉县、安徽省旌德县、福建省长汀县、江西省靖安县、广东省东源县、四川省九寨沟县、贵州省贵阳市乌当区、陕西省留坝县。

最严密法治保护生态环境，加快制度创新，强化制度执行，让制度成为刚性的约束和不可触碰的高压线；六是共谋全球生态文明建设，深度参与全球环境治理，形成世界环境保护和可持续发展的解决方案，引导应对气候变化国际合作[73]。绿水青山就是金山银山被列为新时代推进生态文明建设的六大原则之一，绿水青山就是金山银山理念成为习近平生态文明思想的重要内容。

2019 年 9 月，为贯彻落实党中央、国务院关于加快推进生态文明建设有关决策部署和全国生态环境保护大会有关要求，充分发挥"绿水青山就是金山银山"实践创新基地的平台载体和典型引领作用，生态环境部制定了《"绿水青山就是金山银山"实践创新基地建设管理规程（试行）》（环生态〔2019〕76 号）。该规程从申报、遴选命名、建设实施、评估管理等方面对"绿水青山就是金山银山"实践创新基地的建设管理进行了规范，明确"绿水青山就是金山银山"实践创新基地是践行绿水青山就是金山银山理念的实践平台。"绿水青山就是金山银山"实践创新基地旨在创新探索"绿水青山就是金山银山"转化的制度实践和行动实践，总结推广典型经验模式，应重点探索绿水青山转化为金山银山的有效路径和模式[74]。"绿水青山就是金山银山"实践创新基地建设成为贯彻落实习近平生态文明思想、践行绿水青山就是金山银山理念的平台和载体。

2020 年 10 月，党的十九届五中全会提出，"坚持绿水青山就是金山银山理念，坚持尊重自然、顺应自然、保护自然，坚持节约优先、保护优先、自然恢复为主，守住自然生态安全边界。"[75]绿水青山既是自然财富、生态财富，又是社会财富、经济财富。坚持绿水青山就是金山银山理念作为"推动绿色发展，促进人与自然和谐共生"的总领，成为"十四五"时期推进生态文明建设的重要工作之一。

2021 年 11 月，《中共中央　国务院关于深入打好污染防治攻坚战的意见》指出，良好生态环境是实现中华民族永续发展的内在要求，是增进民生福祉的优先领域，是建设美丽中国的重要基础。但我国生态环境保护结构性、根源性、趋势性压力总体上尚未根本缓解，重点区域、重点行业污染问题仍然突出，实现碳达峰、碳中和任务艰巨，生态环境保护任重道远[76]。深入推动生态文明建设示范创建、"绿水青山就是金山银山"实践创新基地建设和美丽中国地方实践作为落实该意见的重要任务被提出。"绿水青山就是金山银山"实践创新基地建设已成为各地深入推进生态文明建设、开展美丽中国地方实践的重要平台。

2022 年 10 月，党的二十大报告[77]全面总结了十年来我国生态环境保护的历史性、转折性、全局性变化，阐述了中国式现代化的五大基本特征，人与自然和谐共生是其中之一，具体表现为"人与自然是生命共同体，无止境地向自然索取甚至破坏自然必然会遭到大自然的报复。我们坚持可持续发展，坚持节约优先、保护优先、自然恢复为主的方针，像保护眼睛一样保护自然和生态环境，坚定不移走生产发展、生活富裕、生态良好的文明发展道路，实现中华民族永续发展"。该报告提出，大自然是人类赖以生存发展的基本条件，尊重自然、顺应自然、保护自然是全面建设社会主义现代化国家的内在要求，必须牢固树立和践行绿水青山就是金山银山的理念，站在人与自然和谐共生的高度谋划发展。该报告把"坚持绿水青山就是金山银山的理念"列为十年来党和国家事业取得历史性成就、发生历史性变革的重要内容之一。

2023 年 7 月，全国生态环境保护大会在北京召开。习近平总书记在会上强调，今后 5 年是美丽中国建设的重要时期，要深入贯彻新时代中国特色社会主义生态文明思想，坚持以人民为中心，牢固树立和践行绿水青山就是金山银山的理念，把建设美丽中国摆在强国建设、民族复兴的突出位置，推动城乡人居环境明显改善、美丽中国建设取得显著成效，以高品质生态环境支撑高质量发展，加快推进人与自然和谐共生的现代化[78]。

1.3 "绿水青山就是金山银山"实践创新基地建设要求及地方实践

随着地方实践的不断深入，"绿水青山就是金山银山"实践创新基地建设成为深入践行绿水青山就是金山银山理念的重要空间载体。为规范创建管理工作，更好发挥示范引领作用，以点带面提高全域"绿水青山就是金山银山"转化水平，2019 年生态环境部制定了《"绿水青山就是金山银山"实践创新基地建设管理规程（试行）》（以下简称《管理规程》）。其中，"绿水青山就是金山银山"实践创新基地的申报管理主要包括申报、遴选命名、建设实施、评估管理 4 个阶段，在申报上注重 4 个主要的基本原则，包括坚持自愿申报、择优遴选，坚持统筹推进、注重实效，坚持因地制宜、突出特色，坚持创新机制、示范推广，重点突出转化成效、转化机制探索与示范效应。

1.3.1 申报

《管理规程》明确了"绿水青山就是金山银山"实践创新基地申报地区需要满足的 4 个基本条件：①在生态环境方面，地区生态环境优良且环境保护工作基础扎实；②地区"绿水青山就是金山银山"转化成效突出，有以乡镇、村或小流域为单元的转化典型案例；③具有有效推动转化的体制机制；④近 3 年中央生态环境保护督察、各类专项督查在地区巡查时未发现重大问题，无重大生态环境破坏事件。《管理规程》要求申报地区编制"绿水青山就是金山银山"实践创新基地建设实施方案，重点总结前期工作的成效与模式，规划深入开展"绿水青山就是金山银山"建设的总体思路、重点任务及工程项目等。

1.3.2 遴选命名

在遴选命名阶段，生态环境部负责"绿水青山就是金山银山"实践创新基地的遴选工作，组织专家对省级生态环境主管部门推荐的申报地区进行资料审核和现场核查，在遴选过程中重点关注：①实施方案的科学性、针对性、可操作性；②生态环境保持优良，生态资源优势突出；③转化成效显著，绿色发展水平逐步提高；④"绿水青山就是金山银山"制度探索具有创新性，保障措施有力；⑤"绿水青山就是金山银山"转化模式具有典型性、代表性和可推广性。对于通过核查的申报地区，生态环境部将进一步审议，并在生态环境部网站、"两微"平台、《中国环境报》对拟命名名单予以公示。对于公示期间未收到投诉和举报或投诉和举报问题经调查核实无问题或已完成整改的地区，生态环境部按程序审议通过后进行公告，并授予其国家"绿水青山就是金山银山"实践创新基地称号。

1.3.3 建设实施

在建设实施阶段，"绿水青山就是金山银山"实践创新基地应当因地制宜，加强转化路径探索，创新制度实践，并在全域范围内推广建设经验，总结凝练形成具有地方特色的转化模式。同时，应当加强组织领导，强化实施方案的推进落实，建立监督考核和长效管理机制，制订年度工作计划，细化分解建设任务和工程项目，及时总结工作进展，并通过管理平台向生态环境部提交年度工作总结材料。

1.3.4 评估管理

在评估管理阶段，生态环境部对"绿水青山就是金山银山"实践创新基地实行后评估和动态管理，以加强建设成果总结和示范推广，引导地方探索绿色可持续发展道路。对于评估方式，生态环境部制定了"两山指数"评估指标及方法，发布了"两山指数"评估技术导则，用于量化表征"绿水青山就是金山银山"实践创新基地的建设成效，科学引导实践探索。"两山指数"作为后评估和动态管理的重要参考依据，是表征区域生态环境资产状况、绿水青山向金山银山转化程度和保障程度，以及服务"绿水青山就是金山银山"实践创新基地管理的综合性指数，其主要作用是指导地方实践、诊断建设进程和反映建设成效。"两山指数"具体包括构筑绿水青山、推动"绿水青山就是金山银山"转化、建立长效机制 3 项分目标。其中，构筑绿水青山包括环境质量、生态状况 2 类共 10 项指标；推动"绿水青山就是金山银山"转化包括民生福祉、生态经济、生态补偿、社会效益 4 类共 7 项指标；建立长效机制包括制度创新、资金保障 2 类共 3 项指标。各指标和目标参考值如表 1-1 所示。

表 1-1　"两山指数"评估指标

目标	任务	序号	指标	目标参考值
构筑绿水青山	环境质量	1	环境空气质量优良天数比例	>90%
		2	集中式饮用水水源地水质达标率	100%
		3	地表水水质达到或优于Ⅲ类水的比例	>90%
		4	地下水水质达到或优于Ⅲ类水的比例	稳定提高
		5	受污染耕地安全利用率	>95%
		6	污染地块安全利用率	>95%
	生态状况	7	林草覆盖率	山区>60% 丘陵区>40% 平原区>18%
		8	物种丰富度	稳定提高
		9	生态保护红线面积	不减少
		10	单位国土面积 GEP	稳定提高
推动"绿水青山就是金山银山"转化	民生福祉	11	居民人均生态产品产值占比	稳定提高
	生态经济	12	绿色、有机农产品产值占农业总产值比重	稳定提高
		13	生态加工业产值占工业总产值比重	稳定提高
		14	生态旅游收入占服务业总产值比重	稳定提高
	生态补偿	15	生态补偿类收入占财政总收入比重	稳定提高
	社会效益	16	国际、国内生态文化品牌	获得
		17	"绿水青山就是金山银山"建设成效公众满意度	>95%
建立长效机制	制度创新	18	"绿水青山就是金山银山"基地制度建设	建立实施
		19	生态产品市场化机制	建立实施
	资金保障	20	生态环保投入占地区生产总值比重	>3%

1.3.5　地方实践

　　绿水青山就是金山银山理念提出以来，全国各地以多种形式开展了探索实践。为进一步鼓励各地形成可借鉴、可推广的转化模式与示范经验，以达到以点带面促进更多地区将绿水青山转化为金山银山的发展效益，真正实现生态环境保护与经济社会发展的双赢，2016 年以来生态环境部全面推进"绿水青山就是金山银山"实践创新基地的申报与建设。"绿水青山就是金山银山"实践创新基地是国家对地方开展"绿水青山就是金山银山"建设成效的高度认可，已成为地方践行绿水青山就是金山银山理念的荣誉牌。截至 2022 年年底，生态环境部共组织进行了 6 批"绿水青山就是金山银山"实践创新基地的评选与命名，全国共有 187 个地区获得命名，涉及地市、县区、乡镇、村庄及林场等多个区域层级，培育打造了一批践行绿水青山就是金山银山理念的生动实践样本，形成了典型引领、示范带动、整体提升的良好局面。从命名地区数量来看，由于全国在申报创建上主要采用名额配给制，区域分层特征较为明显，且同一层级内的数量并无差别（图 1-2）。浙江共 12 个地区获得命名，为全国之最，是"绿水青山就是金山银山"建设实践的排头兵。山东、陕西均为 9 个；江苏、四川、安徽、江西、内蒙古均为 8 个；湖北、湖南、福建、广东、云南均为 7 个；河北、山西、北京、新疆、河南、贵州均为 6 个；重庆、吉林、宁夏、广西均为 5 个；天津、辽宁、青海、甘肃均为 4 个；西藏、海南均为 3 个；上海、黑龙江均为 2 个。各地通过"绿水青山就是金山银山"实践创新基地建设，探索有效的转化经验模式，为全国贡献了推进"绿水青山就是金山银山"转化的实践经验，也为全球的生态文明建设贡献了中国智慧、中国方案。这些好的经验、做法起到了较好的示范作用，各地开展"绿水青山就是金山银山"实践创新基地建设的热情日益高涨，全国"绿水青山就是金山银山"转化成效日益凸显。

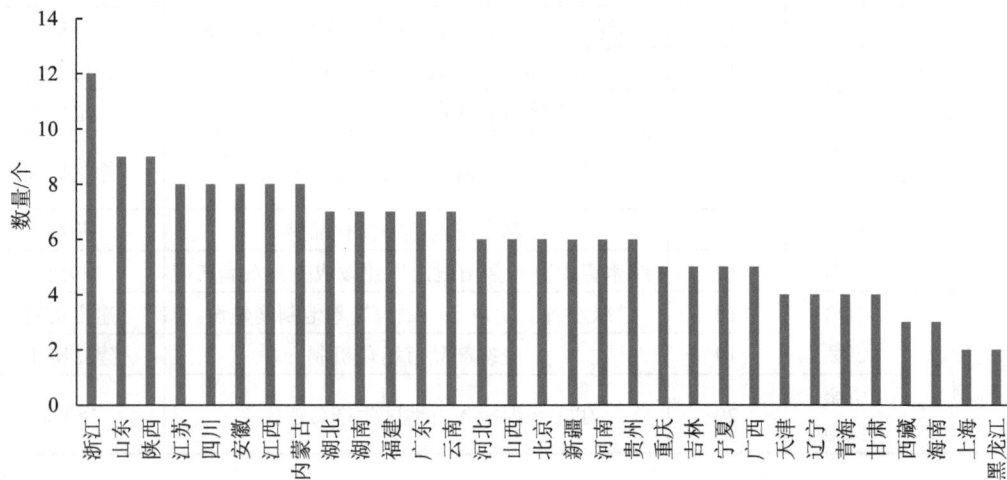

图 1-2 全国各省（区、市）"绿水青山就是金山银山"实践创新基地数量（截至 2022 年）

第 2 章

恩施州 "绿水青山就是金山银山" 建设基础条件

恩施土家族苗族自治州（以下简称恩施州）位于湖北省西南部的武陵山区，下辖的 8 个县（市）中有 7 个是属于国家层面的重点生态功能区，生态地位重要，关乎全国生态安全。维护区域生态环境质量和生态系统的稳定性以确保全局生态格局安全是恩施州的使命与责任，这也决定了走 "绿水青山就是金山银山" 转化之路是恩施州的最优选择。生态环境质量优良、自然资源丰富、少数民族文化底蕴深厚是恩施州的内在特点，这些因素都为恩施州开展 "绿水青山就是金山银山" 建设提供了良好的资源条件；同时，国家和湖北省的相关政策倾斜为恩施州将优质资源条件转化为经济发展优势提供了良好的政策条件。

2.1 恩施州概况

2.1.1 区位与行政区划

恩施州位于湖北省西南部的武陵山区，地处湘、鄂、渝三省（市）交界处，位于北纬 29°07′10″～31°24′13″、东经 108°23′12″～110°38′08″，东与湖北省宜昌市为邻，西连重庆市黔江区，南与湖南省湘西土家族苗族自治州接壤，北邻重庆市万州区、黔江区，东北端连接湖北省神农架林区，在中西接合部和武陵山区交通枢纽中的战略地位十分重要。恩施州于 1983 年 8 月 19 日建州，是共和国最年轻的自治州，也是湖北省唯一的自治州。2020 年，恩施州包括县级单位 8 个（含 2 个县级市），乡级单位 90 个，其中街道办事处 7 个、镇 54 个、乡 29 个（含 4 个民族乡）。恩施州总面积为 24 060.26 km²，约占全省面积的 13%，在省内各市（州）中面积仅次于荆州市、襄阳市，居全省第 3 位，居全国 30 个少数民族自治州第 16 位。全州以山地为主，平均海拔 1 000 m，海拔 1 200 m 以上的地区占总面积的 29.4%，海拔 800～1 200 m 的地区占总面积的 43.6%，海拔 800 m 以下的地区占总面积的 27%，州域东西最宽 220 km、南北最长 260 km[①]。

2.1.2　主体功能区定位

主体功能区是指基于不同区域的资源环境承载能力、现有开发密度和发展潜力等，将特定区域确定为特定主体功能定位类型的一种空间单元。2010 年，国务院发布《全国主体功能区规划》（国发〔2010〕46 号），按照开发方式将全国国土空间划分为优化开发区域、重点开发区域、限制开发区域和禁止开发区域，按开发内容分为城市化地区、农产品主产区和重点生态功能区，按层级分为国家和省级 2 个层面[79]。2012 年，湖北省人民政府印发《湖北省主体功能区规划》，按开发方式将全省国土空间分为重点开发区域、限制开发区域和禁止开发区域 3 类，按开发内容将全省国土空间分为城市化地区、农产品主产区和重点生态功能区，按层级分为国家和省级 2 个层面。在《湖北省主体功能区规划》中，恩施州全域被划分为重点开发区域、限制开发区域和禁止开发区域 3 种类型。

1. 重点开发区域

恩施市是恩施州唯一的省级层面重点开发区域，其发展功能定位是武陵山区重要的经济增长极、综合交通枢纽和人口集居区，全省重要的绿色产业基地、民俗文化生态旅游基地，中国"硒都"。恩施市的主要发展方向包括 4 个方面：①构建以恩施市城区为核心、以沪蓉西高速公路和 209 国道为轴线、以周边城镇为节点的空间开发格局；②重点发展水电、矿产、建材、富硒绿色食品加工、医药化工、机械制造等，大力发展具有民族特色的山水休闲、生态文化旅游业，强化商贸、金融、社会服务等综合服务功能，提升城市集聚能力；③适当扩大土地供给，引导市域内清江流域经济向城区和重点镇集聚，吸引州域其他县（市）人口和经济向恩施市适度聚集，重点支持恩施高新区加快发展，扩大城市规模，增强人口承载能力；④加强自然生态建设与保护，推进天然林保护、退耕还林、生态公益林建设、水土流失治理工程，加强石漠化治理，有效保护生物多样性，构筑生态屏障，促进生态修复。

2. 限制开发区域

恩施州除恩施市外的其他 7 个县（市）均被划分为国家层面重点生态功能区。其中，利川市、咸丰县、来凤县、宣恩县、鹤峰县和建始县 6 个县（市）被划分为武陵山区生物多样性与水土保持生态功能区，其发展功能定位是国家重要的生态屏障建设区、全省重要的生物多样性保护区和森林生态保护区。这 6 个县（市）的主要发展方向包括 4 个方面：①以生物多样性保护和森林生态保护为主要任务，禁止对野生动植物进行滥捕滥

---

① 资料来源：恩施州人民政府网，http://www.enshi.gov.cn/zq_50192/。

采，保持和恢复野生动植物物种，维护种群平衡，实现野生动植物资源的良性循环和永续利用，积极推进天然林保护、退耕还林、生态公益林建设、水土流失治理工程，加大生态保护力度，有效保护生物多样性，促进自然生态恢复；②调整农业结构，发展优势特色农业，稳定粮食生产，推进高质量、高标准的绿色农产品基地建设，开展标准化、规模化生产经营，培养品牌特色产品和龙头企业；③稳步发展地方特色工业，重点发展电力、建材及农副产品加工业等工业；④大力发展服务业，重点发展旅游业，着力培育生态环境优美、民族风情浓郁、文化特色鲜明的生态文化旅游，以铁路、高速公路等基础设施建设为契机，加快建设物流服务网络体系。此外，巴东县与宜昌市的夷陵区、秭归县、兴山县、五峰土家族自治县和长阳土家族自治县一起被划分为三峡库区水土保持生态功能区，其主要发展方向包括 3 个方面：①以保护三峡水库水质为重点，开展库区环境保护、生态建设和地质灾害防治工作；②加快农业产业化进程，扶持特色农产品基地建设，积极发展特色工业，重点发展绿色食品加工、现代中药及生物医药加工、天然气化工、机械制造、林特产品加工等工业；③以生态文化旅游为先导，带动交通运输、餐饮服务、商业贸易等服务业的发展。

3. 禁止开发区域

禁止开发区域在恩施州点状分布，包括重要生态功能区，生物多样性和珍贵动植物基因保护地，调节洪峰、保护大江大河安全的重要功能区，其功能定位是全省保护自然文化资源的重点地区。湖北省禁止开发区域应依据国家和省市法律法规实行科学有效的强制性保护政策，严格控制有悖主体功能定位的各类开发活动，引导超载人口有序向重点开发区转移，统筹人与自然的和谐，实现"零排放"。

2.1.3 自然状况

1. 地形地貌

恩施州绝大部分是山地，惯称"八山半水分半田"。地貌以由碳酸盐岩组成的高原型山地为主体，兼有由碳酸盐岩组成的低山峡谷与溶蚀盆地，以及由砂岩组成的低中山宽谷和山间红色盆地。海拔最高处为巴东县靠近神农架主峰的大窝坑（3 032 m），最低点为巴东县长江边的红庙岭（66.8 m），平均海拔 1 000 m，海拔 1 200 m 以上的地区占总面积的 29.4%，海拔 800～1 200 m 的地区占总面积的 43.6%，海拔 800 m 以下的地区占总面积的 27%。州内地形复杂，具有多种特殊类型的地貌，大河、小溪呈树枝状展布，有"见山不走山"的丘原，有"两山咫尺行半天"的深谷，伏流、溶洞、冲、槽、漏斗、石林等随处可见，地势呈西北、东北部高，中部相对低的状态。地貌基本特征为阶梯状地貌发育，因受新构造运动间歇活动的影响，大面积隆起成山，局部断陷、沉积形成多级夷面与山间河谷断陷盆地。州内除东北部有海拔 3 000 m 以上小面积山地外，普遍展布着海拔 2 000～1 700 m、1 500～1 300 m、1 200～1 000 m、900～800 m、700～500 m 五级面积不等的夷平面，并存在一级至二级河谷阶地，呈现明显的层状地貌[①]。

2. 气候条件

恩施州地处湖北省西南部，为我国地形台阶第二级阶梯的东部边缘，其北部属大巴山脉的南支——巫山山脉，东南部和中部属武陵山脉分支，西部系大娄山山脉的北延部分，三大山脉共同构造了鄂西南山区的地形地势。区域内的山脉总体呈北东（NE）—南西（SW）和北北东（NNE）—南南西（SSW）走向及三山鼎立之势，北部、西北部和中部高耸，并逐渐向西、向南倾斜，海拔高差悬殊。西部 NE—SW 走向的高山裙带与中部 NNE—SSW 走向的高山裙带共同构成了"Λ"形主体地势结构。恩施州属亚热带季风性山地湿润气候，总的气候特点是四季分明、冬暖夏凉、雨热同季、雾多湿重。地形复杂、高差悬殊决定了光、热、水等气候要素的重新分配，使全州的气候呈现出明显的垂直地域差异，形成了具有地区特点的多样化、多层次的立体气候。州内气候资源具有 5 类特征，即冬暖湿润的平谷气候、温暖湿润的低山气候、温和湿润的中山气候、温凉潮湿的高山气候、高寒过湿的高山脊岭气候[②]。

3. 河流水系

恩施州河流众多，河长在 5 km 以上的河流有 382 条，分属长江上游下段、酉水、乌江、清江、澧水 5 个水系。流域面积大于 1 000 km² 的河流有清江、酉水、沿渡河（又名神农溪）、娄水、唐崖河、郁江、忠建河（又名贡水河）、马水河、野三河，这 9 条河流在州内的总长度为 1 154 km，总流域面积为 21 801 km²。流域面积在 300 km² 以上的河流有 25 条，大于 100 km² 的河流有 45 条，此外还有岩溶湖分布。恩施州的水文特征是水网较稀，呈脉状分布，河流暴涨暴落，水位变化剧烈，流量变化大，冬不结冰，河面狭窄，河床坡降很大，河道蜿蜒于丛杂的山岭之间，两岸又多是陡崖壁立的峡谷，每逢汛期多致淹没河道两岸的平坝。

2.1.4 生态环境质量

1. 生态环境状况指数

生态环境状况指数（EI）是反映被评价区域生态环境质量状况的一系列指数的综合。根据《生态环境状况评价技术规范》（HJ 192—2015），EI 由生物丰度指数、植被覆盖指数、水网密度指数、土地退化指数、环境质量指数 5 个分指数综合而成[③]，数值范围为 0～100。根据 EI 值大小分为 5 个等级，分别代表了不同的生态环境质量状况：

---

① 资料来源：恩施州人民政府网，http://www.enshi.gov.cn/zq_50192/esgk/dxdm/202007/t20200714_566820.html。
② 资料来源：恩施州人民政府网，http://www.enshi.gov.cn/zq_50192/esgk/qhtj/202007/t20200714_566821.html。
③ EI=0.25×生物丰度指数+0.2×植被覆盖指数+0.2×水网密度指数+0.2×土地退化指数+0.15×环境质量指数。

①优（EI≥75），植被覆盖度高，生物多样性丰富，生态系统稳定；②良（55≤EI＜75），植被覆盖度较高，生物多样性较丰富，适合人类生活；③一般（35≤EI＜55），植被覆盖度中等，生物多样性水平一般，较适合人类生活，但有不适合人类生活的制约因子出现；④较差（20≤EI＜35），植被覆盖较差，严重干旱少雨，物种较少，存在明显限制人类生活的因素；⑤差（EI＜20），条件较恶劣，人类生活受到限制。《2020 年度湖北省生态环境状况评价报告》数据（表 2-1）显示，2020 年恩施州的 EI 值为 79.77，属于"优"等级，在全省排名第 2 位，仅次于神农架林区（81.34）。

表 2-1　2020 年湖北省各市（州）EI 值

区域	2020 年 EI 值	区域	2020 年 EI 值
神农架林区	81.34	荆门市	65.79
恩施州	79.77	鄂州市	62.27
十堰市	77.91	荆州市	61.47
宜昌市	77.83	武汉市	59.21
咸宁市	76.11	孝感市	59.1
黄石市	70.63	仙桃市	57.39
黄冈市	68.19	潜江市	56.62
襄阳市	68.16	天门市	56.25
随州市	67.96		

注：本书所指湖北省各市（州）或 17 个市（州）均包括神农架林区，后文不再另作说明。

2. 水环境质量

2020 年，恩施州对州内长江、神农溪、清江、郁江、唐岩河、酉水、忠建河、溇水、马水河、抱龙河、长滩河（梅子河）、磨刀溪、冷水河、广润河、芭蕉河这 15 条河流的 31 个断面进行了监测，结果显示主要河流的总体水质为优，主要河流断面水质符合Ⅰ～Ⅱ类标准的断面 31 个，占总断面数的 100%，功能区水质达标率为 100%。

3. 大气环境质量

恩施州大气环境质量本底较好，2019 年成为湖北省唯一达到国家环境空气质量二级标准的地级市。2020 年，全州 8 个县（市）城区空气质量平均优良率为 97.6%，高于全省平均水平（88.4%）9.2 个百分点。其中，州城恩施市城区优良天数为 352 天，优良率为 96.4%，可吸入颗粒物（PM_{10}）、细颗粒物（$PM_{2.5}$）及臭氧（O_3）浓度分别为 45 μg/m³、27 μg/m³、110 μg/m³，均处于湖北省低值区（在全省均处于第 2 位，仅次于神农架林区，见表 2-2）。

表 2-2　2020 年湖北省 17 个重点城市环境空气各项指标年均值浓度

地区	PM_{10}/ ($\mu g/m^3$)	$PM_{2.5}$/ ($\mu g/m^3$)	O_3/ ($\mu g/m^3$)	NO_2/ ($\mu g/m^3$)	SO_2/ ($\mu g/m^3$)	CO/ (mg/m^3)
武汉市	58	37	150	36	8	1.2
黄石市	63	35	150	30	15	1.5
十堰市	54	33	135	21	6	1.3
宜昌市	57	41	135	24	7	1.2
襄阳市	68	52	142	27	11	1.3
鄂州市	65	38	150	29	11	1.3
荆门市	57	45	141	23	6	1.1
孝感市	56	35	142	18	6	1.5
荆州市	64	37	137	26	7	1.3
黄冈市	61	36	149	22	10	1.2
咸宁市	49	30	142	17	9	1.3
随州市	59	37	142	19	6	1.2
恩施州	45	27	110	18	7	0.8
仙桃市	65	32	141	19	8	1.8
潜江市	59	31	140	17	10	1.1
天门市	56	32	146	17	8	1.6
神农架林区	28	19	105	7	5	0.9
全省	57	35	139	22	8	1.3

资料来源：《2020 年湖北省生态环境状况公报》。

2.1.5　自然资源状况

1．水资源

恩施州河流众多，全州共有大、中、小型水库 253 座，总库容 16.51 亿 m^3，水资源丰富。2010—2020 年，恩施州的水资源总量呈"W"形的波动变化趋势，2019 年为最低值（124.92 亿 m^3），2020 年达到最高值（321.33 亿 m^3），同比增长 157%，主要是因为 2020 年降水量较大（2020 年的降水量较 2019 年增加了 79.16%）。总体来看，恩施州的水资源总量占全省的比重常年在 16%以上，其中 2011 年达到 24.12%（图 2-1）；人均水资源量常年为全省的 2.5 倍以上，其中 2018 年达到 3.93 倍。根据图 2-2，2020 年恩施州的水资源总量为 321.33 亿 m^3，为全省最高，占全省的 18.31%；人均水资源量为 9 297 m^3，居全省第 2 位，是全省人均水资源量的 3.06 倍。其中，地表水资源量为 321.33 亿 m^3，占全省地表水资源量的 18.52%；地下水资源总量为 68.48 亿 m^3，占全省的 17.94%。丰富的水资源蕴含了丰富的水能优势。恩施州的水能资源理论蕴藏量为 509.31 万 kW，是全省乃至华中地区重要的清洁能源基地。清洁能源产业也成为恩施州的重要产业之一。

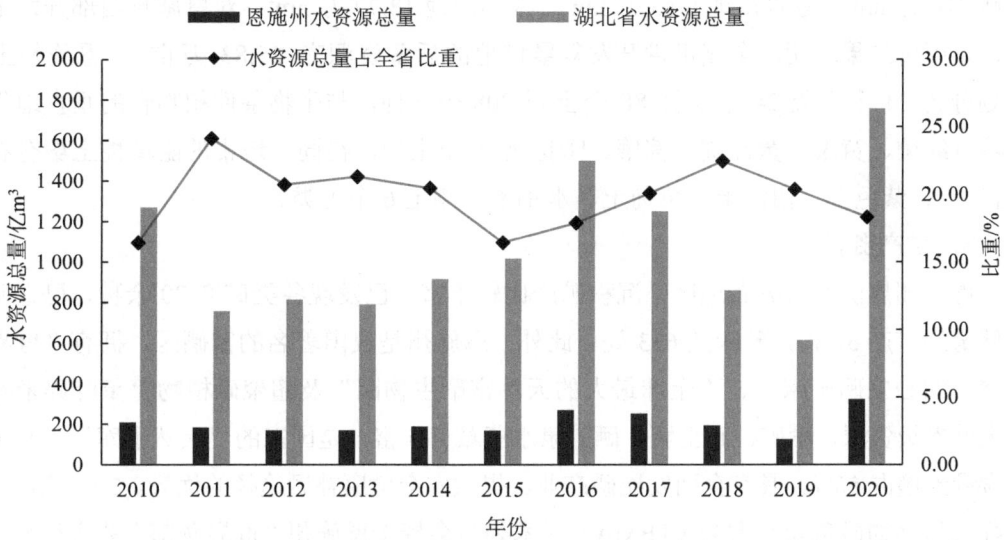

图 2-1　2010—2020 年恩施州及湖北省水资源总量变化情况

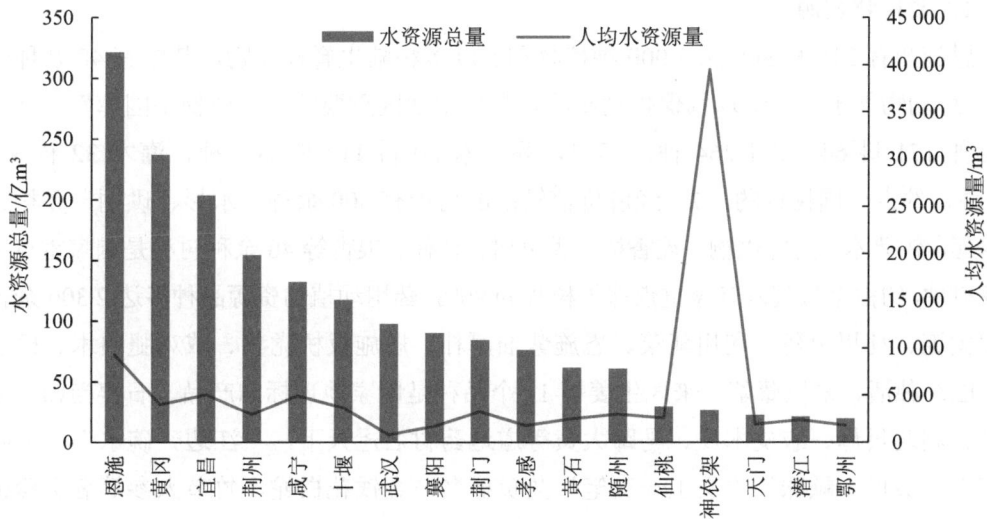

图 2-2　2020 年湖北省 17 个重点城市水资源总量和人均水资源量比较

资料来源：《2020 年湖北省水资源公报》。

2．土地资源

恩施州以山地为主，平均海拔 1 000 m，总面积为 24 060.26 km²，约占湖北省总面积的 13%，在省内各市（州）中仅次于荆州和襄阳，居第 3 位，居全国 30 个少数民族自治州第 16 位。按全国土地利用现状分类，恩施州有 8 个一级类、38 个二级类。全州共有农用地 218 万 hm^2、建设用地 8.83 万 hm^2、未利用地 13.77 万 hm^2。对恩施州西部开发土地的调查评价结果表明，全州可供开发复垦耕地的后备资源有 25.83 万亩[①]。恩施州土壤可划分为 11 个土类 24 个亚类 88 个土属 208 个土种，与生物条件相吻合的垂直地带性土壤有红壤、黄壤、黄棕壤、棕壤、暗棕壤 5 个土类，在同一地带的隐域性土壤有石灰（岩）土、紫色土、沼泽土、草甸土、水稻土、潮土 6 个土类。

3．矿产资源

恩施州属沉积岩分布地区，沉积矿产比较丰富，已发现各类矿产 70 余种，已查明资源储量的矿产 38 种，矿床点 633 处。此外，恩施州是我国著名的富硒区，拥有"世界唯一探明的独立硒矿床"、"全球最大的天然富硒生物圈"及超聚硒植物"堇叶碎米荠"三大世界级资源，硒矿、硒土壤、硒矿泉水蕴藏量丰富，是国家的"天然硒库"，富硒以上含量土壤占 53%，具有全面发展硒产业、提供安全健康补硒途径的优势。2011 年 9 月，国际人与动物微量元素大会（TEMA）学术委员会授予恩施州"世界硒都"荣誉称号。依托丰富的硒资源，恩施州大力发展硒食品精深加工业。该产业已成为恩施州的特色产业、重要支柱产业。

4．动植物资源

恩施州有 215 科 900 属 3 000 种植物和 500 多种陆生脊柱动物，其中有 40 余种植物和 77 种动物属于国家级珍稀保护动植物，是华中地区重要的"动植物基因库"。全州共有树种 171 科 645 属 1 264 种。其中，乔大木 60 科 114 属 249 种、灌木 32 科 89 属 228 种，约占全国树种的 1/7。经济价值较高的树种有 300 余种。水杉、珙桐、秃杉、巴东木莲、钟萼木、光叶珙桐、连香树、香果树、杜仲、银杏等 40 余种树种是国家重点保护珍稀树种，约占全省列入国家重点保护树种的 90%。药用动植物资源品种多达 2 300 余种，利川黄连、利川山药、利川莼菜、恩施紫油厚朴、恩施板桥党参、咸鸡腿白术、巴东玄参、巴东独活、来凤藤茶、来凤生姜等 11 个品种是国家地理标志产品，石窑当归、五鹤续断、湖北贝母、皱皮木瓜、马蹄大黄等道地药材名冠天下，"江边一碗水""七叶一枝花""头顶一颗珠""文王一支笔"久负盛名，金钱花白蛇、竹节人参等名贵珍稀药材极具开发价值。

5．农产品资源

恩施州农业资源十分丰富，农作物种类繁多。其中，粮食作物主要有玉米、水稻、马铃薯、红薯、小麦、大麦、燕麦、荞麦、蚕豌豆、高粱、粟谷、大豆、绿豆、红小豆

[①] 1 亩≈666.67 m^2。资料与数据来源：恩施州人民政府网站，http://www.enshi.gov.cn/zq_50192/esgk/zrzy/202007/t20200714_566814.html。

等，油料作物主要有油菜籽、花生、芝麻、向日葵等，糖料作物主要有甘蔗、甜菜，麻类作物主要有苎麻，烟叶主要有烤烟、白肋烟、晒烟，茶叶主要有绿茶、红茶、乌龙茶，水果主要有柑橘、苹果、梨、杨梅、猕猴桃、李子、葡萄、枣、柿子等，蔬菜主要有白萝卜、胡萝卜、大白菜、甘蓝、番茄、辣椒、四季豆、西芹、花菜、茄子等，特色蔬菜主要有凤头姜、白皮大蒜、山药、葛仙米、芸豆、薇菜、蕨菜、莼菜、粉葛、草石蚕、鱼腥草等，瓜果主要有西瓜、甜瓜、草莓等，食用菌主要有香菇、金针菇、黑木耳、白木耳等，还有魔芋、棉花等作物。

6. 水产品资源

恩施州温暖湿润的大气候及变化多样的小气候广泛适宜于温水性鱼类和亚冷水性鱼类的繁衍生息。全州鱼类资源共有 9 目 20 科，约 147 种（包括亚种）。以清江水系鱼类为例，表现为既有东部江湖平原常见的鱼类，也有西部青藏高原的裂腹鱼类和条鳅属鱼类，还有现今主要分布于珠江水系、云南省内各水系及长江上游的鲃亚科、鳗鲶类和平鳍鳅科鱼类。除鱼类资源外，恩施州其他水生动植物资源也十分丰富。主要水生经济动物有虾、蟹、蚌、龟、鳖、棘蛙、水獭、水禽等，主要水生经济植物有藕、荸荠、茭白、莼菜等，其中具有开发价值、富有地方特色的品种有莼菜、葛仙米、棘蛙、大鲵等。

7. 人文旅游资源

恩施州的自然风光以雄、奇、秀、幽、险著称，为喀斯特地貌发育，溶洞、溶洼众多，人文旅游资源丰富。根据湖北省文化和旅游厅官网公开的全省 A 级旅游景区名单，截至 2023 年 1 月底，恩施州共有 A 级旅游景区 38 个，其中 AAAAA 级景区 3 个（数量居全省第 3 位），AAAA 级景区 21 个，AAA 级及以下景区 14 个（表 2-3）。其中，腾龙洞、大峡谷、神农溪被评为"灵秀湖北"十大旅游名片。恩施州初步形成了以"博览地质奇观、体验民族风情"为特质的旅游产品体系，并与张家界、长江三峡构成了中国黄金旅游线上的"金三角"。丰富的旅游资源为恩施州推进生态文化旅游业的发展提供了绝佳的条件。此外，恩施州共有 13 个旅游名镇、名村，分别是恩施州宣恩县万寨乡伍家台村（2017 年）、恩施州建始县龙坪乡店子坪村（2017 年）、咸丰县唐崖镇（2017 年）、宣恩县珠山镇（2017 年）、来凤县百福司镇（2015 年）、恩施市沐抚办事处（2015 年）、巴东县野三关镇石桥坪村（2014 年）、鹤峰县走马镇升子村（2014 年）、咸丰县甲马池镇坪坝营村（2014 年）、建始县业州镇代陈沟村（2014 年）、巴东县沿渡河镇高岩村（2012 年）、恩施市沐抚办事处营上村（2012 年）、恩施市芭蕉侗族乡高拱桥村（2010 年）。

表 2-3 恩施州 A 级旅游景区名录

序号	景区名称	质量等级	评定时间
1	恩施州神农溪纤夫文化旅游区	AAAAA	2011 年 5 月
2	恩施大峡谷景区	AAAAA	2015 年 7 月
3	恩施州利川腾龙洞景区	AAAAA	2020 年 12 月
4	恩施州恩施土司城景区	AAAA	2009 年 1 月
5	恩施州咸丰县坪坝营景区	AAAA	2010 年 1 月
6	恩施州咸丰县唐崖河景区	AAAA	2011 年 12 月
7	恩施州建始野三峡景区	AAAA	2011 年 12 月
8	恩施州梭布垭石林景区	AAAA	2012 年 1 月
9	恩施州利川龙船水乡景区	AAAA	2013 年 1 月
10	恩施州巴人河生态旅游区	AAAA	2013 年 1 月
11	恩施州利川大水井文化旅游区	AAAA	2014 年 5 月
12	恩施州恩施市土家女儿城旅游区	AAAA	2014 年 12 月
13	恩施地心谷景区	AAAA	2015 年 3 月
14	恩施州来凤县仙佛寺景区	AAAA	2015 年 3 月
15	恩施州巴东县巫峡口景区	AAAA	2015 年 3 月
16	恩施州宣恩伍家台乡村休闲度假区	AAAA	2016 年 12 月
17	恩施州来凤杨梅古寨景区	AAAA	2016 年 12 月
18	恩施州鹤峰县满山红景区	AAAA	2017 年 1 月
19	恩施州利川玉龙洞旅游区	AAAA	2018 年 1 月
20	恩施州宣恩县狮子关旅游区	AAAA	2020 年 7 月
21	恩施州利川市佛宝山景区	AAAA	2021 年 10 月
22	恩施州宣恩县仙山贡水旅游区	AAAA	2021 年 10 月
23	恩施州鹤峰县屏山旅游景区	AAAA	2022 年 9 月
24	恩施州巴东无源洞旅游景区	AAAA	2022 年 9 月
25	恩施州龙麟宫景区	AAA	2005 年 11 月
26	恩施州利川市朝阳洞景区	AAA	2009 年 12 月
27	恩施州巴东寇准文化公园	AAA	2009 年 12 月
28	恩施州巴东邓玉麟将军故里	AAA	2011 年 12 月
29	恩施州枫香坡侗族风情寨	AAA	2013 年 11 月
30	恩施州建始县朝阳观旅游区	AAA	2013 年 11 月
31	恩施州来凤县卯洞景区	AAA	2014 年 12 月
32	恩施市二官寨景区	AAA	2016 年 6 月
33	恩施州利川市丽森休闲度假村	AAA	2016 年 12 月

序号	景区名称	质量等级	评定时间
34	湖北店子坪红色旅游区	AAA	2020 年 11 月
35	恩施市鹿院坪景区	AAA	2021 年 4 月
36	巴东县野三关森林花海景区	AAA	2021 年 4 月
37	恩施州文化中心景区	AAA	2022 年 6 月
38	咸丰县忠堡镇高笋塘村一组	AAA	2023 年 1 月

资料来源：湖北省文化和旅游厅官网（http://wlt.hubei.gov.cn/bsfw/bmcxfw/ajlvjqmd/）。

2.1.6 经济社会状况

1. 综合经济水平

2010—2019 年，恩施州实现地区生产总值逐年增长，由 2010 年的 351.13 亿元提高到 2019 年的 1 159.37 亿元，突破"千亿元"大关，2020 年由于新冠疫情的影响，地区生产总值较 2019 年有所下降（图 2-3）。恩施州地区生产总值在湖北省的占比总体上呈上升趋势，由 2010 年的 2.16%提高到 2020 年的 2.57%。但是，恩施州经济总量基础相对薄弱，2020 年恩施州地区生产总值在全省各市（州）中排名第 11 位，全年地方财政总收入仅为 143.19 亿元，在全省的占比仅为 3.12%。

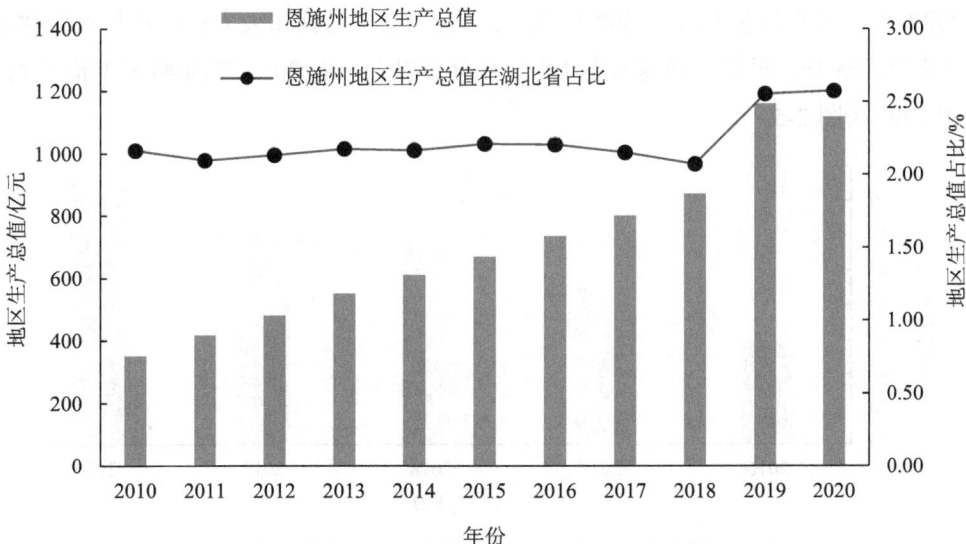

图 2-3 2010—2020 年恩施州地区生产总值及在湖北省占比变化趋势

2．产业结构

恩施州的产业以第三产业为主，近年来围绕"一谷、两基地、三示范区、四大产业集群"①的发展方向，大力推进产业生态化和生态产业化发展，产业结构持续优化，第三产业比重持续提升。2020 年，恩施州实现第三产业增加值 663.03 亿元，约占地区生产总值的 59.3%，较 2010 年提高了 18.7 个百分点，三次产业结构比由 2010 年的 30.7：28.7：40.6 调整为 2020 年的 18.1：22.6：59.3（图 2-4）。

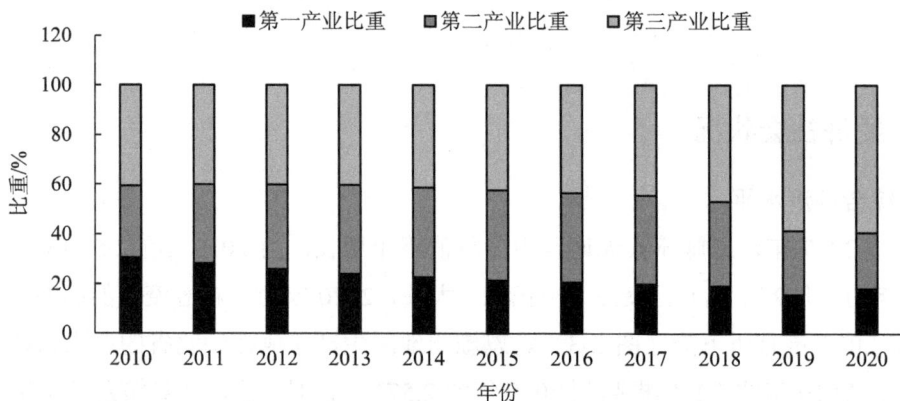

图 2-4　2010—2020 年恩施州三次产业构成

3．城镇发展

2020 年，恩施州总人口为 402.10 万人。近年来，恩施州大力推进新型城镇化建设，城镇化率逐年提升，每年的增速都在 1.5 个百分点以上，由 2016 年的 41.88%提升到 2020 年的 46.56%（图 2-5）。

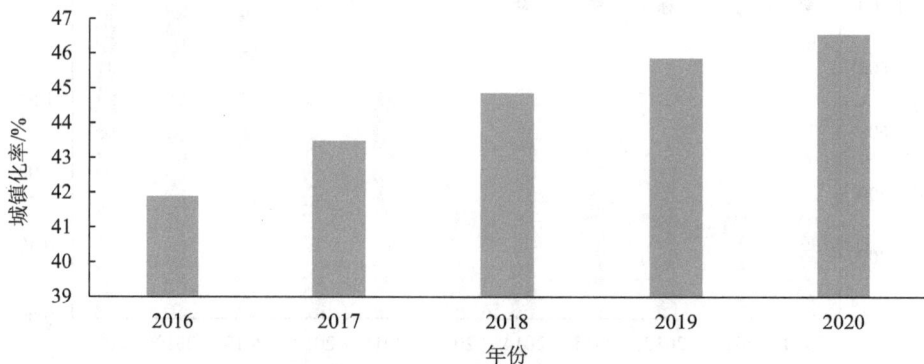

图 2-5　2016—2020 年恩施州城镇化率变化趋势

---

① "一谷、两基地、三示范区、四大产业集群"指世界硒都·中国硒谷，全国知名的生态富硒产业基地、华中地区重要的清洁能源基地，全国生态文明建设示范区、国家全域旅游示范区、全国民族团结进步示范区，生态文化旅游、硒食品精深加工、生物医药、清洁能源。

4．人民收入水平

2010—2020 年，恩施州城镇居民和农村居民人均可支配收入持续增长，且城镇居民人均可支配收入增长快于农村地区（图 2-6）。其中，城镇居民人均可支配收入由 2010 年的 11 406 元提高到 2020 年的 30 930 元，增长幅度为 171.2%；农村居民人均纯收入由 2010 年的 3 255 元提高到 2013 年的 5 235 元，农村居民人均可支配收入由 2014 年的 7 194 元提高到 2020 年的 11 887 元，增长幅度为 65.2%。恩施州城乡收入差距较大，并且这一差距呈逐步扩大的趋势，2020 年城镇居民人均可支配收入是农村居民人均可支配收入的 2.6 倍。2010—2020 年，恩施州城乡收入比由 3.5 缩小至 2.6。

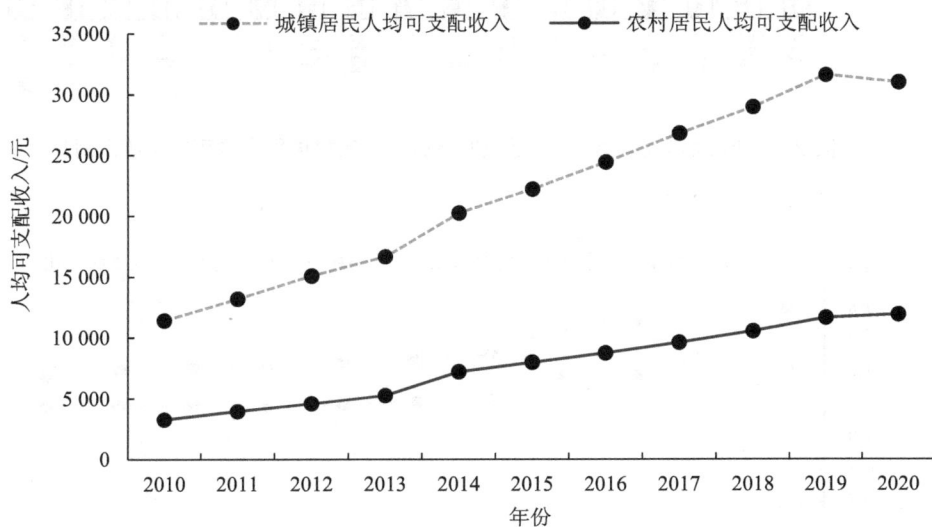

图 2-6　2010—2020 年恩施州城镇和农村居民人均可支配收入变化

注：2010—2013 年为农村居民人均纯收入。

从湖北省来看，恩施州城乡收入水平相对较低。2020 年，恩施州城镇常住居民年人均可支配收入为 30 930 元，是全省平均水平的 84.31%，在全省 17 个市（州）中居第 15 位；农村常住居民人均可支配收入为 11 887 元，是全省平均水平的 72.9%，在全省居第 15 位（图 2-7）。恩施州与全省城乡收入水平虽然存在较大差距，但湖北省与恩施州城乡人均可支配收入比在不断变小，这表明恩施州与湖北省平均水平之间的差距在不断缩小。2010—2020 年，湖北省与恩施州城镇居民人均可支配收入比由 1.41 逐步下降到 1.19，农村居民人均可支配收入比由 1.79 下降到 1.37（图 2-8）。

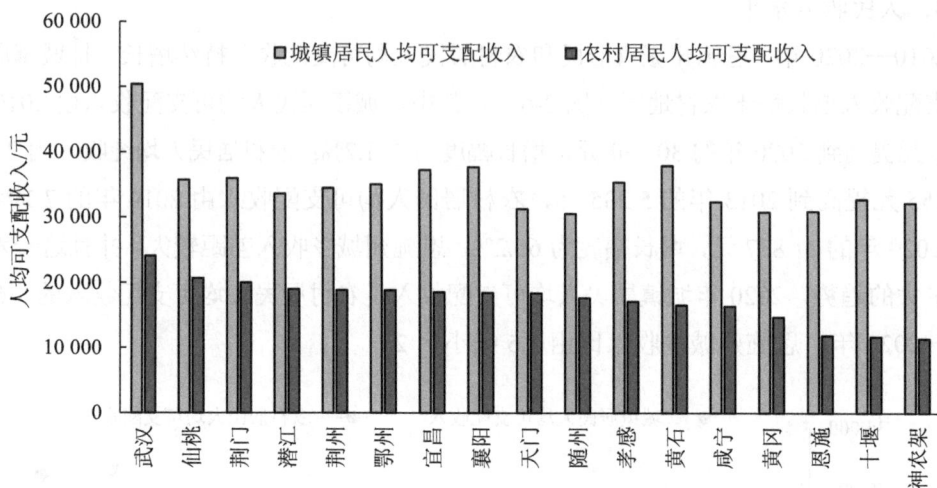

图 2-7　2020 年湖北省 17 个重点城市城镇和农村居民人均可支配收入对比

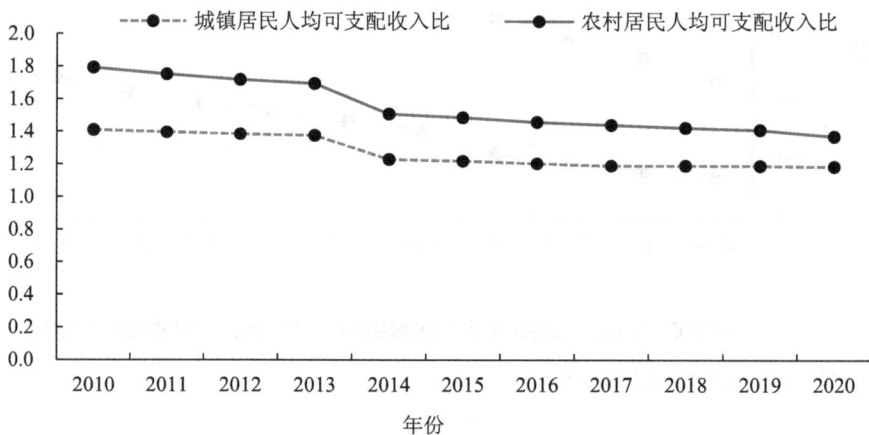

图 2-8　2010—2020 年湖北省与恩施州城乡收入比变化趋势

5. 文化底蕴

恩施州自古以来是我国中部与西部地区政治、经济、文化交流的桥头堡,是荆楚文化和巴蜀文化、中原文化与西南少数民族文化的交融地带,也是土家族、苗族文化的集中分布区,具有鲜明的文化特点和丰富的文化资源。恩施州是一个以土家族、苗族聚居,侗族、白族、蒙古族、回族等少数民族散杂居为主要特征的少数民族地区,除汉族外,还居住着土家族、苗族、侗族、白族、蒙古族、回族、藏族、维吾尔族、彝族、壮族、布依族、朝鲜族、满族、瑶族、哈尼族、哈萨克族、傣族、黎族、畲族、高山族、水族、东乡族、纳西族、土族、羌族、撒拉族、独龙族、珞巴族 28 个少数民族,民族文化底蕴深厚。截至 2021 年,全州入选国家级非物质文化遗产代表性项目名录 16 项,入选湖北省省级非物质文化遗产代表性项目名录 66 项,由州人民政府公布的州级非物质文化遗产代表性项目名录 149 项,由县(市)人民政府公布的县(市)级非物质文化遗产代表性项目名录 589 项[①]。

2.2 "绿水青山就是金山银山"建设背景与必要性

经过不断深化发展,绿水青山就是金山银山理念已成为我国治国理政的基本方略。在这个大背景下,"绿水青山就是金山银山"实践创新基地应运而生,成为地方落实绿水青山就是金山银山理念的重要空间载体。恩施州生态环境资源优势突出、生态地位重要,然而经济综合实力相对较差,面临的发展任务艰巨,推进"绿水青山就是金山银山"建设是恩施州的破局之路、发展之路、逆袭之路,也是必由之路。

2.2.1 建设背景

恩施州具有良好的生态环境本底和自然人文资源,是国家层面重点生态功能区,同时拥有"世界硒都""华中药库""武陵生态明珠""土苗风情园"等美誉,但其经济基础薄弱,曾经是全域贫困区。2020 年,全州地区生产总值仅占湖北省的 2.56%,城镇和农村居民人均可支配收入分别是湖北省平均水平的 84.3%、72.9%。长期以来,恩施州坚持"生态立州"的总纲,大力推进生态文明建设,2019 年 11 月被生态环境部授予"国家生态文明建设示范州"称号,恩施市、巴东县、咸丰县、鹤峰县、宣恩县、建始县 6 个县(市)被命名为国家生态文明建设示范县(市),利川市、来凤县被命名为省级生态文明建设示范县(市),生态文明示范创建成果位居全省前列,这是恩施州的亮点工作之一。在持续推进生态文明示范创建工作的基础上,恩施州委、州政府高度重视,将"绿水青山就是金山银山"转化工作纳入全州的重点工作全力推进,将建设"绿水青山就是金山银山"实践创新基地的目标任务列入《2020 年恩施州人民政府工作报告》。2021 年 6 月,恩施州人民政府印发了《恩施州"绿水青山就是金山银山"实践创新基地建设实施方案(2021—2023 年)》,"绿水青山就是金山银山"实践创新基地建设进入具体实施阶段。同年 10 月,在昆明举办的联合国《生物多样性公约》第十五次缔约方大会(COP15)上,恩施州被授牌为"绿水青山就是金山银山"实践创新基地,成为湖北省第二个市级"绿水青山就是金山银山"实践创新基地。2022 年,湖北省第十二次党代会对新时期全省区域发展布局作出了新的部署,支持将恩施州建设"绿水青山就是金

---

① 资料来源:恩施州非物质文化遗产代表性项目名录,http://www.enshi.gov.cn/zc/xxgkml/shgysyj_17289/ggwhfw/fwxx/202111/t20211116_1206256.shtml。

山银山"实践创新示范区作为全省推进区域协调发展的战略举措和重大安排。积极探索"绿水青山就是金山银山"转化路径，建好"绿水青山就是金山银山"实践创新示范区，不仅是湖北省委、省政府赋予恩施州的发展责任，也是恩施州实现自我发展、自我跨越的必然之路。

2.2.2　必要性

恩施州生态地位重要，生态系统价值高但经济基础弱，"富饶的贫困"（表现为生态价值高但经济实力弱）是其最突出的特点。走"绿水青山就是金山银山"转化路径，是推进恩施州高质量发展的破局之路、必由之路，也是最优选择。综合分析来看，恩施州开展"绿水青山就是金山银山"建设的必要性主要有以下几个方面。

一是发展定位所限，开展"绿水青山就是金山银山"建设是破局之路。恩施州近乎全域均被纳入重点生态功能区，并且是国家层面的重点生态功能区。该区域的发展定位是保障国家生态安全的重要区域、人与自然和谐相处的示范区，需要在国土空间开发中限制进行大规模高强度工业化、城镇化开发，以保持并提高生态产品供给能力。这就决定了恩施州要以保护重点生态功能区的生态功能为主，走"绿水青山就是金山银山"转化之路，将生态环境与自然资源作为产业发展的突破口，大力发展生态环境友好型产业，这就是恩施州的破局之路。此外，中央高度重视生态文明建设，"绿水青山就是金山银山"实践创新基地建设涉及经济发展、生态环境保护、民生保障等多个领域，恩施州积极开展"绿水青山就是金山银山"实践创新基地建设，也可以为争取国家、省级层面的政策和资金支持开辟更多渠道。

二是发展责任所系，开展"绿水青山就是金山银山"建设是发展之路。恩施州位于武陵山腹地，清江穿境而过，是湖北省"三江四屏千湖一平原"①生态安全格局的重要组成部分，关乎全省生态安全格局的稳定。2021 年的湖北省政府工作报告明确提出，支持恩施打造"绿水青山就是金山银山"实践创新基地，湖北省第十二次党代会更是赋予了恩施建设"绿水青山就是金山银山"实践创新示范区的发展定位。深入推进"绿水青山就是金山银山"建设，不仅是恩施州自身转型发展的需求，也是湖北省委、省政府赋予的重大责任。此外，在全国范围内各地推进"绿水青山就是金山银山"建设的积极性日益高涨，竞争力也会越来越大，先行开展能够争取发展先机，同时能为同类型地区探索示范样本，为践行绿水青山就是金山银山理念贡献恩施智慧。

三是发展基础薄弱，开展"绿水青山就是金山银山"建设是逆袭之路。"富饶的贫困"是恩施州最大的实际，经济基础弱也是恩施州存在的最大瓶颈，只有走"绿水青山

---

① 三江即长江、汉江、清江，四屏即鄂西北秦巴山生态屏障、鄂西南武陵山生态屏障、鄂东北大别山生态屏障、鄂东南幕阜山生态屏障，千湖即全省各类湖、库、湿地，一平原即江汉平原。

就是金山银山"转化路径,将突出的生态优势和富饶的生态资源转化为经济发展的动力和源泉,才能实现生态环境质量和经济发展水平的双提升。

四是发展目标导向,开展"绿水青山就是金山银山"建设是必由之路。开展"绿水青山就是金山银山"建设是对恩施州以往发展思路与发展路径的再总结、再提升,是发展思路的升格、发展体系的重构。恩施州委七届九次全会提出的"绿色恩施"目标与绿水青山就是金山银山理念高度契合,建设绿色恩施必须走"绿水青山就是金山银山"转化之路。

2.3 "绿水青山就是金山银山"建设的基础条件

恩施州无论是生态环境本底还是自然资源的蕴含量都位于全省的前列甚至全国前列,"世界硒都""华中药库""武陵生态明珠""土苗风情园"等称号是该州自然资源优势的真实写照,也是特色名片,这为生态产业体系的建设提供了基础"原料";同时,恩施州委、州政府坚持"生态立州"的发展方向,积极探索转化路径,并全方位、多领域加强政策支持,这些都为恩施州深入探索"绿水青山就是金山银山"实践路径奠定了坚实的基础。

特色鲜明的自然资源与生态环境本底提供了"绿水青山就是金山银山"转化的先决条件。恩施州被誉为"世界硒都",天然富硒、富锌、富锗土壤的面积占全部耕地园地草地面积的 84%,面积大、品质高、范围广的硒资源为硒食品精深加工产业的发展提供了天然资源基础。恩施州药用动植物资源品种多达 2 300 余种,是全国重要商品药材基地和全省中药材主产区,被誉为"华中药库"。恩施州的 EI 值为 79.14,生态环境状况位居全省第二,仅次于神农架林区,被誉为"武陵生态明珠"。恩施州森林资源丰富,森林覆盖率达到 67.31%,全省领先,被誉为"鄂西林海"。恩施州是巴文化的发源地,民族风情浓郁,是湖北省首批历史文化名城之一,拥有多项国家级、省级、州级、县(市)级非物质文化遗产,被誉为"土苗风情园"。恩施州旅游资源丰富,全州 AAAAA 级景区居湖北省第 3 位,腾龙洞、大峡谷、神农溪被评为"灵秀湖北"十大旅游名片。丰富且特色突出的旅游资源为恩施州通过生态旅游业发展带动"绿水青山就是金山银山"转化奠定了基础。硒资源、道地药材资源、森林资源、生态环境及少数民族文化资源等的综合集成为恩施州造就了一张张亮丽名片的同时,也为恩施州推进生态农业、生态加工业、生态文化旅游业的发展提供了优良条件,成为恩施州推进"绿水青山就是金山银山"建设的先天优势与先决条件。

创新探索的发展历程与"绿水青山就是金山银山"转化实践一脉相承。在发展理念上,恩施州始终坚持生态优先与绿色发展。恩施州以"生态立州"为总纲,坚持人与自然和谐共生，加强生态环保制度设计，出台了一系列生态环境保护地方性法规，坚决摒弃牺牲生态环境换一时经济增长的做法，避免走先破坏后治理修复的老路，将生态产业发展作为"绿水青山就是金山银山"转化的重要途径，像保护眼睛一样守住了"世界硒都"之美，护住了"仙居恩施"绿色发展之源。在发展路径上，恩施州始终坚持通过深度融合优势资源与产业发展催生发展动能，坚持立足特色鲜明的生态环境、硒、中药材、清洁能源、少数民族文化等资源，创新思路，努力寻求绿水青山转化为金山银山的突破点，以生态文化旅游、硒食品精深加工、生物医药、清洁能源四大产业为主的"4+N"绿色产业集群初具雏形。在发展目标上，恩施州始终坚持打造"生态颜值"与"产业绿值"之间的正反馈圈，不断创新体制机制，激活绿水青山转化密钥，多样化变现绿水青山，经济总量不断壮大，地区生产总值突破千亿元大关，战胜了全省范围最广、程度最深的区域性整体贫困。

多元复合的政策汇聚支撑了"绿水青山就是金山银山"转化探索实践。恩施州是国家西部大开发、中部地区崛起、长江经济带等各项政策的交汇点，是湖北省唯一纳入新时期西部大开发比照执行的地区，是中部崛起战略支点建设中武陵山少数民族地区经济社会发展实验区，全域被纳入长江经济带建设范围，多项国家战略协同叠加为其发展提供了有力的政策支持。党的十九届五中全会明确提出，要"支持革命老区、民族地区加快发展。完善转移支付制度，加大对欠发达地区财力支持"。党的二十大报告进一步强调，要"支持革命老区、民族地区加快发展"。国家对促进重点生态功能区和民族地区发展的政策倾斜将进一步加大，这将有利于恩施州将发展重点放到保护生态环境、提供生态产品上。湖北省的省级战略明确将恩施州纳入宜荆荆都市圈的辐射范围，省第十二次党代会报告提出要大力发展宜荆荆都市圈，辐射带动"宜荆荆恩"（宜昌、荆州、荆门、恩施）国家森林城市群发展，支持恩施建设"绿水青山就是金山银山"实践创新示范区。省级层面对于恩施州的支持力度进一步加大，并将其深入融入宜荆荆都市圈发展，能够使恩施在产业共建、市场共享、生态环境共保共治等方面获得宜荆荆都市圈的辐射带动作用，通过区域合作进一步提高"绿水青山就是金山银山"转化效益。

第 3 章

"绿水青山就是金山银山"建设恩施实践

突出的生态地位赋予恩施州守护全国生态安全格局的使命责任。恩施州始终坚持"生态立州"总纲,大力推进生态文明建设,最大限度地减少生产、生活活动对生态环境的影响,确保生态环境质量和生态系统的稳定性,其生态环境质量一直位于全省前列。2015 年以来,恩施州连续 7 年在生态省考核中达到"优秀"等次,获得国家生态文明建设示范区命名,并且实现了省级生态文明建设示范区全覆盖。经济发展与生态环境保护是辩证统一的关系,良好的生态环境资源是恩施州最大的特点,也是最突出的优势,为恩施州绿色高质量发展提供了最为重要的基础条件。一直以来,恩施州努力寻求良好生态环境资源与产业发展的结合点,积极探索绿水青山向金山银山的转化路径,初步实现了生态环境保护与经济社会发展的协调共进。

3.1 "绿水青山就是金山银山"建设的进展与成效分析

恩施州委、州政府成立了以州委书记为组长,州委副书记、州长为第一副组长的"绿水青山就是金山银山"示范创建工作领导小组,组建了以州委常委和副州长双挂帅的创建工作专班,印发了《恩施州"绿水青山就是金山银山"实践创新基地建设实施方案(2021—2023 年)》,重点围绕生态空间管控与生态环境质量改善、生态产业体系构建及转化体制机制建设等方面,探索"绿水青山就是金山银山"转化实践之路。2021 年,恩施州获得全国第五批"绿水青山就是金山银山"实践创新基地称号,这成为该州实践探索的一个标志性成果。

3.1.1 坚持"生态立州",统筹山水林田湖草系统治理

经济发展不应该以牺牲生态环境为代价,良好的生态环境本底是"绿水青山就是金山银山"建设的基础条件。恩施州始终坚持"生态立州"总纲,严格管控生态环境空间,按照重点生态功能区的发展定位和"三线一单"管控要求,把好准入关,坚持系统性、

整体性思路，统筹山水林田湖草系统保护与治理，大力实施"天更蓝、水更清、土更净"治理行动，确保生态环境质量和生态系统服务功能稳中有升。

1. 健全生态环境空间管控体系

划定并严守生态保护红线。2018 年，《省人民政府关于发布湖北省生态保护红线的通知》（鄂政发〔2018〕30 号）印发，划定湖北省生态保护红线总面积 4.15 万 km^2，占全省土地面积的 22.30%，划定出的生态保护红线的主要类型有 6 种，分别是鄂西南武陵山区生物多样性维护、水土保持生态保护红线，鄂西北秦巴山区生物多样性维护生态保护红线，鄂东南幕阜山区水源涵养生态保护红线，鄂东北大别山区水土保持生态保护红线，江汉平原湖泊湿地生态保护红线，鄂北岗地水土保持生态保护红线，其中恩施州全域属于鄂西南武陵山区生物多样性维护、水土保持生态保护红线。恩施州全力推进生态保护红线划定工作，初步划定生态保护红线面积 12 414.9 km^2，约占全州土地面积的 51.6%，占全省生态保护红线面积的 30%，划定比例居全省第 2 位。2019 年，自然资源部办公厅、生态环境部办公厅联合印发《关于开展生态保护红线评估工作的函》（自然资办函〔2019〕1125 号），对生态保护红线划定情况进行评估，并调整完善划定成果。根据国家和省级要求，2022 年恩施州完成了全州生态保护红线评估调整，划定生态保护红线面积 9 870.84 km^2，占全州土地面积的 41%，占全省生态保护红线面积的 23.79%，面积和占比均居全省首位。与此同时，恩施州严格落实生态保护红线管控要求，将是否压占生态保护红线、永久基本农田、自然保护地作为建设项目选址和建设用地报批论证前置审查红线，完成了姚家平水利枢纽工程等 13 个重大项目占用生态保护红线不可避让论证申报，保障了生态保护红线评估过渡时期重大项目的建设需要。

以法治力量强化山体保护。2016 年 3 月，《恩施土家族苗族自治州山体保护条例》经湖北省第十二届人民代表大会常务委员会第二十一次会议批准实施，这是全国首部城市规划区内山体保护条例，标志着恩施州山体保护进入了法治轨道。该条例自 2016 年7 月 1 日起正式施行，对山体保护职责进行了明确的界定，突出了规划在山体保护中的核心作用，对山体保护规划的编制、修改、审批程序作出了严格规定，把规划放到了更加重要、更加突出的位置。恩施市中心城区山体总面积约为 64.43 km^2，其中规划保护性山体 124 座（片），面积约为 44.34 km^2。为推进该条例的落实，2018 年恩施州人民政府办公室印发实施《恩施州山长制实施方案》，在全省首创州、县市、乡镇、村、宗地五级山长制管理体系，成为落实《恩施土家族苗族自治州山体保护条例》的配套方案。

以河长制支撑水资源严格管理。恩施州及其所属县市全面推行河长制，均成立了推进河湖长制工作领导小组和河湖长制办公室，建立了联席会议机制，建成了州、县、乡（镇）、村四级河长制管理体系，实现了长度 5 km 以上的 382 条河流全覆盖。与此同时，强化河长履职尽责，常态化开展河长制巡河，督导解决了一大批河库突出问题。此外，恩施州严格水资源管理,印发实施《恩施州实行最严格水资源管理制度实施方案》《关于实行最严格水资源管理制度的通知》《州人民政府办公室关于下达恩施州水资源管理制度"三条红线"控制目标的通知》等文件,严守水资源开发利用控制、用水效率控制、水功能区限制纳污"三条红线"。

以林长制助力森林资源保护。恩施州全面实施林长制,确定州级林长 11 人、县级林长 104 人、乡级林长 1 021 人、村级林长 2 131 人,森林资源管护能力不断增强。恩施州严格执行森林采伐限额制度,严格工程建设占用征收林地的审批,禁止乱批滥占林地和毁林开垦行为。全州共有国有林场 29 家,上级下达生态公益林 1 299 万亩全部纳入管护,每片林场实行场长制管护。通过开展"绿卫 2019""打击破坏野生动物资源违法犯罪""森林火灾案件查处""昆仑五号"等专项行动,严厉打击涉林违法犯罪行为。2020 年,《自然资源部办公厅关于部署开展 2020 年度自然资源评价评估工作的通知》(自然资办发〔2020〕23 号)印发,恩施州被列为全国林地分等定级试点,要对全州 2 700 万亩林地进行分等定级。2022 年,恩施州林地分等定级国家试点工作顺利通过国家验收,在此试点工作的基础之上接续完成了林地基准地价制定试点工作。

2. 实施生态环境专项整治

开展"水更绿"生态环境专项治理。以清江流域综合治理为龙头,带动三峡库区、溇水、酉水、郁江等重点流域水污染治理,围绕清江大沙坝、七要口断面开展不达标断面水质提升专项攻坚,完成对长江经济带工业园区污水处理问题的全面整治,加强了沿江、沿库、沿河、沿线清理整顿,开展了乡镇"千吨万人"集中式饮用水水源地专项行动。2016—2020 年,恩施州主要河流监测断面数量由 17 个增加到 31 个,Ⅲ类标准断面比例始终为 100%,特别是 2020 年河流断面Ⅰ~Ⅱ类标准的比例达到 100%,较 2016 年提高了 17.6 个百分点。从主要河流国控断面来看,恩施州国控断面总数均为 8 个,水质达标率均为 100%(表 3-1)。

表 3-1 2016—2020 年恩施州地表水考核断面水质类别

序号	河流名称	断面名称	规划类别	水质类别				
				2020 年	2019 年	2018 年	2017 年	2016 年
1	长江	黄腊石	Ⅲ	Ⅱ	Ⅱ	Ⅱ	Ⅱ	Ⅱ
2	清江	七要口	Ⅲ	Ⅱ	Ⅲ	Ⅲ	Ⅲ	Ⅲ
3		大沙坝	Ⅲ	Ⅱ	Ⅲ	Ⅲ	Ⅱ	Ⅱ
4		桅杆坪	Ⅱ	Ⅱ	Ⅱ	Ⅰ	Ⅱ	Ⅱ
5	郁江	长顺乡	Ⅱ	Ⅱ	Ⅱ	Ⅱ	Ⅱ	Ⅱ
6	唐岩河	周家坝	Ⅱ	Ⅱ	Ⅱ	Ⅰ	Ⅱ	Ⅱ
7	酉水	百福司镇	Ⅱ	Ⅱ	Ⅱ	Ⅰ	Ⅱ	Ⅱ
8	溇水	江口村	Ⅱ	Ⅱ	Ⅱ	Ⅱ	Ⅰ	Ⅰ

开展"天更蓝"生态环境专项治理。加大重点地区大气污染治理力度，加强城区燃煤管理，提升清洁能源消费比例，严格管控堆场、道路和建筑施工扬尘污染，加大机动车尾气污染防治力度，全州大气环境质量稳中有升，始终处于全省前列。2020年，全州8个县（市）城区平均优良天数达标率为97.6%，较2015年增加了2.49个百分点，高于全省（88.4%）和全国平均水平（87%）。全州8个县（市）环境空气质量首次全部进入全省县域排名前10位。纳入国家考核的州城恩施市空气质量优良率达到96.4%，较2015年提高了15个百分点，恩施市成为全省国考城市中首个且连续两年空气质量达到国家二级标准的城市。2015—2020年，恩施州累计重污染天数总体上呈下降趋势。2020年，全州共发生重污染天气2次，较2015年减少了7次。

开展"土更净"生态环境专项治理。对重点行业用地实施土壤污染状况详查、用地基础信息采集、土壤环境风险筛查相关工作，对污染地块实施分用途管理。印发了《恩施州土壤污染治理与修复规划（2018—2030年）》，以影响农产品质量和人居环境安全的突出土壤污染问题为重点，扎实推进土壤污染治理与修复工作，深入推进耕地土壤酸化治理；开展农业源污染防治，实施农药、化肥减量增效工作，稳步推进畜禽养殖污染整治，全面完成了"三区"划定工作。

3. 加强生态系统保护与修复

历史遗留矿山的生态修复取得阶段性成效。全面起底摸排全州历史遗留矿山1 110家，形成分县分类台账并制定整改措施，形成了矿山"一矿一策"情况表和序时推进计划。矿山生态修复治理取得阶段性成效，印发了《关于明确矿山生态修复工作有关要求的通知》《恩施州省生态环境保护督察"回头看"反馈矿山生态修复问题整改工作方案》，组织开展矿山生态修复"冬春行动"，推进全州矿山生态修复历史遗留问题持续整改。2021年，完成省级环保督察220家矿山、清单外矿山修复治理421家，完成修复治理面积356.39 hm^2，在生产矿山的边生产边修复秩序逐步理顺好转。逐步建立了长效管理机制，明确了2025年年底前序时推进全州历史关闭矿山生态环境修复治理，加强对在生产矿山的动态巡查和日常监管，压实矿权属地管理责任，强化矿山责任主体的生态修复治理义务，切实将矿山生态修复由事后治理向事前、事中保护转变。

小水电清理整治取得明显成效。规范小水电管理，持续开展小水电清理整改工作，根据国家要求组织对小水电清理整改工作进行全面核查、逐站核对，巩固提升清理整改工作成效。针对退出类电站进行现场督查检查，并采取"一县一单"的方式下发督办函。根据湖北省水利厅、省发改委、省生态环境厅印发的《湖北省小水电清理整改"回头看"工作方案》，恩施州制定了州级工作方案并督促实施，截至目前全州10座涉自然保护区小水电站已全部退出；加强水电站生态流量泄放管理，印发《关于进一步加强水电站生态流量泄放工作的通知》和《恩施州2021年度生态基流泄放管理工作监督检查计划的通知》，督促小水电站执行生态流量泄放要求；持续推进绿色小水电示范电站创建工作，2020 年共 52 座水电站入选全国绿色小水电站推荐名单，占湖北省推荐名单总数的 47.27%；加快推进安全生产标准化建设，大力推进农村水电站安全生产标准化建设，积极筹措资金、建立评审专家库，指导电站企事业单位开展安全生产标准化建设工作，完成了 87 座农村小水电安全标准三级达标审查。

生态系统保护成效显著。强化水土流失治理，实施恩施市下角河生态清洁小流域治理工程、恩施市三龙溪清洁小流域治理工程、利川市汪营镇鱼泉河生态清洁小流域治理工程、巴东县桐木园生态清洁小流域治理工程及坡耕地综合整治、高标准农田建设、石漠化治理等项目，2021 年共完成水土流失治理面积 304.28 km^2。加快建设生态防护林体系，大力开展"精准灭荒""绿满荆楚""山更青"专项治理、森林城市创建、新一轮退耕还林等工作，2020 年恩施市成功创建为"国家森林城市"，宣恩县、建始县成功创建为"省级森林城市"。2021 年，《恩施州人民政府办公室关于建设彩色森林提升生态价值的意见》印发，明确提出要围绕"大生态、大交通、大旅游、大产业"建设目标，力争用 5 年的时间，通过彩色景观林建设行动、彩色走廊林建设行动、彩色村庄和产业基地林建设行动、彩色公园林建设行动、彩色岸线林建设行动及彩色示范林质量提升行动这六大行动使全州森林资源景观达到立体化、四季化、彩色化、景观化、园艺化和"网红"化，把恩施州建设成为旅游、观光、休闲、度假目的地。加强湿地保护与恢复，咸丰忠建河大鲵国家级自然保护区和二仙岩省级自然保护区被纳入湖北省第一批重要湿地名录，宣恩贡水河国家湿地公园建设正积极推进。加强生物多样性保护，重点对大巴山、武陵山实施生物多样性优先保护，组织开展增殖放流及生物多样性保护宣传活动。严格落实长江"十年禁渔"，稳步推进长江、清江流域恩施段"十年禁捕"。严厉打击非法野生动植物交易，开展打击野生动物非法贸易专项行动（清风行动），聚焦重点场所、重点平台、重点环节、重点领域，强化市场监管；加强自然保护地保护，推进星斗山、七姊妹山、木林子、金丝猴、咸丰忠建河大鲵等自然保护区勘界确权。积极开展"绿盾"自然保护区监督检查专项行动，宣恩县观音坪水电站、展马河水上娱乐开发项目、杨柳沟花海、梨树坝临时采石场等一批问题得到整改。加强保护区监测网点建设，在星斗山、七姊妹山、木林子、金丝猴国家级自然保护区安装野外监控设备，设置生物多样性动态监测样地。建立了"局—站—点—管护员"四级管护体系，建立巡护管理制度，加强保护区日常巡护工作。

3.1.2 聚焦"四大产业集群"建设，构建绿色生态经济体系

恩施州强化政策引领，围绕"一谷、两基地、三示范区、四大产业集群"的发展方向，于 2018 年发布了《恩施州四大产业集群建设三年行动方案（2018—2020 年）》，

具体包括《恩施州生态文化旅游产业集群建设三年行动方案（2018—2020 年）》《恩施州硒食品精深加工产业集群建设三年行动方案（2018—2020 年）》《恩施州生物医药产业集群建设三年行动方案（2018—2020 年）》《恩施州清洁能源产业集群建设三年行动方案（2018—2020 年）》，以此大力推进生态文化旅游、硒食品精深加工、生物医药、清洁能源四大产业集群建设，使全州绿色生态经济体系不断完善、绿色发展水平不断提升。

1．生态文化旅游产业

恩施州大力推进全域旅游示范区建设，推进实施景区提升行动、文旅融合行动、业态转型行动、交通突破行动、促销创新行动等 11 项行动，推进生态文化旅游产业跨越式发展，从而使生态文化旅游业持续升温。《恩施州统计年鉴》的数据显示，2015—2019 年，全州累计旅游综合收入由 249.72 亿元增至 530.45 亿元，增长了 112.4%。2019 年，全州共有 63 个文旅项目入选全省"十四五"规划长江经济带重大项目库，中国土家泛博物馆项目入选全国优选旅游项目。恩施州成功创建全国休闲农业与乡村旅游示范州，有全国休闲农业与乡村旅游示范县 2 个、全国最美休闲乡村 8 个、全国乡村旅游重点村 2 个、省级休闲农业示范点 22 个，州城恩施市跻身首批国家全域旅游示范区，恩施腾龙洞大峡谷地质公园晋升为国家地质公园。但 2020 年受新冠疫情常态化管控的影响，恩施州当年的旅游业发展受到较大冲击，累计旅游综合收入为 202.16 亿元，较 2019 年下降了61.89%。

2．硒食品精深加工产业

恩施州拥有"世界唯一探明的独立硒矿床""全球最大的富硒生物圈"两大世界级资源优势，因此将硒食品精深加工产业纳入全州四大产业集群之一，作为打造鄂西绿色发展示范区的重要支柱，同时大力推进产业集群规划、标准、认证、发展、品牌"五大体系"建设，通过"世界硒都·中国硒谷"建设，实施"硒+X"战略，形成以硒农产品精深加工为基础，以硒保健食品和功能食品开发生产为重点，以原料、研发、检测等为配套的横跨多个产业的产业集群，着力打造全国知名的生态硒产业基地。2018 年 11 月，国家富硒农产品加工技术研发专业中心正式落户恩施。恩施州富硒茶产业集群、恩施州（恩施、利川、建始）富硒绿色食品产业集群、恩施州（咸丰、来凤）绿色食品产业集群入选湖北省重点成长型产业集群。2021 年，全州涉硒市场主体达到 3 051 家，其中规模以上企业 129 家，产值过亿元企业 12 家，实现硒食品精深加工产业产值 177.87 亿元。

3．生物医药产业

恩施州素有"华中药库"美誉，药用植物资源多达 2 258 种，药用动物有 86 种，药用矿物有 22 种，重点推进 40 个中药材重点乡镇、200 个中药材重点村和紫油厚朴百里长廊建设，中药材基地面积稳定在 135 万亩以上，是全国中药材九大主产区之一。为加快生物医药产业的提质增效，在生物医药产业集群建设三年行动方案之外，恩施州相继制定了《恩施州生物医药产业发展规划（2018—2030 年）》《恩施州加快推进科技创新九条措施》等政策和规范性文件，从基地建设、招商引资、企业服务、科技支撑等方面大力支持生物医药产业集群建设。同时，按照"科学规划、精准招商、产业升级、集群发展"的要求，建设 100 万亩规范化道地药材基地，高标准建设生物医药科技产业园，推进"药、医、康、养、游"统筹发展，建成一批"产、学、研、用"龙头企业群，构建一、二、三产业和关联产业深度融合的生物医药产业发展体系。全州共有各类生物医药企业 148 家，中药材专业合作社 700 余家。武汉国家生物产业基地•恩施生物医药产业园落户恩施州高新区。2020 年，全州生物医药产业的综合产值达到 150 亿元。

4．清洁能源产业

恩施州以建设"华中地区重要的洁净能源基地"为目标，依托丰富的水能、风能、页岩气、天然气资源，打造清洁能源产业集群，使之成为全州产业结构优化升级的重要支撑。推进实施天然气勘探开发、风电开发、太阳能资源综合利用、生物质能开发等六大行动。清洁能源建设总装机达 460 万 kW，江坪河水电、板桥风电相继投产发电（新增装机容量 50 万 kW）。2020 年 1—10 月，全州地区发电量（含水布垭）105.336 2 亿 kW·h（其中水布垭 45.933 9 亿 kW·h），同比增长 79.48%。充分利用页岩气理论储量近 4.5 万亿 m^3 的资源优势，聚焦建成鄂西页岩气勘探开发综合示范区目标，大力推进页岩气勘探开发项目建设。恩施州全域被自然资源部纳入鄂西页岩气勘探开发综合示范区建设范围。恩施州人民政府与中石化江汉油田分公司实现战略合作，中石化湖北页岩气投资有限公司在恩施州高新区挂牌成立。

3.1.3 多措并举实现生态价值，助力全域脱贫的实现

将绿水青山转化为金山银山的路径是多样的，恩施州结合当地实际，积极推进生态环境资源优势与产业发展深度融合，战胜了全省范围最广、程度最深的区域性整体贫困，8 个县（市）摘帽、109 万人脱贫，"两不愁三保障"全面实现，脱贫攻坚取得历史性成就。

1．产业扶贫助推精准扶贫

恩施州地处武陵山片区，曾经是湖北省的深度贫困地区，全州立足生态和旅游资源优势，大力推进旅游扶贫、农业扶贫，将生态产业发展作为"绿水青山就是金山银山"转化的重要途径。

创新"旅游+"扶贫模式。探索推出了文旅融合带动扶贫、景区开发带动扶贫、乡村旅游带动扶贫、特色民宿带动扶贫、养生度假带动扶贫、旅游消费带动扶贫 6 种模式，

推动实施旅游扶贫"1111"工程①，直接带动了 10 万余人就业，间接带动相关行业 40 余万人吃上了"旅游饭"，涌现了一大批典型案例。例如，恩施大峡谷"旅游+扶贫"、恩施女儿城"文化+旅游+扶贫"、芭蕉乡"茶旅融合促扶贫"被湖北省文化和旅游厅推选为全国文旅融合典型案例，"旅游+"扶贫模式成功入选联合国减贫案例。2018 年 9 月，恩施州与湖北省文化旅游投资集团有限公司联合开发的恩施大峡谷景区减贫经验入选世界旅游联盟旅游减贫典型案例。2019 年 6 月，"恩施芭蕉侗族乡茶旅融合走出扶贫新道路"入选中俄蒙旅游部长会议典型案例。恩施州的旅游扶贫经验走向了全国乃至世界。

推进特色生态农业扶贫。成功创建 8 个全国绿色食品原料标准化生产基地、4 个全国有机农业示范基地。2019 年，全州特色产业基地面积达到 675 万亩，农民人均 2.1 亩，发放扶贫小额信贷 4.64 亿元，帮助 1.09 万户贫困户发展脱贫产业。打造了恩施硒茶、来凤藤茶、咸丰黑猪、咸丰唐崖茶 4 个面上产业扶贫范例，同时创立了飞强茶叶"12854"、巨鑫农业"1221"等 30 多个点上产业扶贫典型模式。特色农产品优势区建设对做大做强乡村特色产业和加快农民增收致富具有重要意义。2017 年以来，农业农村部、国家林草局、国家发展改革委、财政部、科技部、自然资源部、水利部七部委连续发布认定了 4 批中国特色农产品优势区名单，恩施硒茶获批成为全国首批特色农产品优势区。2018 年的扶贫日，产业扶贫论坛在北京举办，"湖北恩施打造恩施硒茶品牌助力产业扶贫"入选全国产业扶贫十大机制创新典型，成为"绿水青山就是金山银山"转化助力脱贫攻坚的亮丽名片。

2. 建立生态补偿扶贫模式

恩施州森林资源丰富，林木资源成为当地群众脱贫致富的重要支撑。作为脱贫攻坚"五个一批"②政策的重要方面，恩施州结合森林资源优势探索形成的"生态补偿脱贫一批"政策成为实现脱贫的重要途径，有效促进了扶贫与生态环境效益的有机融合。2019 年，全州共为 44.8 万户贫困户发放生态补偿资金 2.25 亿元。生态公益林补偿精准到户，全州有 11.33 万户贫困户受益，落实补助资金达 4 473.99 万元，涉及面积 329.90 万亩；新一轮退耕还林补助精准到户，已为 65 814 户贫困户兑现退耕还林资金 9 183.9 万元；生态护林员精准到人，全年共为 9 682 名生态护林员兑现管护费用 3 872.8 万元；天然林停伐补偿精准脱贫，全州天然林停伐面积达 254.8 万亩，总补偿资金 3 506.2 万元，其中涉及贫困户 25 928 户、补助面积 72.60 万亩、补助资金 998.6 万元。

---

① "1111"工程即 100 个旅游扶贫试点村、100 个民宿扶贫重点户、10 个旅游扶贫重点乡镇、10 个旅游扶贫重点景区。
② "五个一批"即发展生产脱贫一批、异地搬迁脱贫一批、生态补偿脱贫一批、发展教育脱贫一批、社会保障兜底一批。

3.1.4 探索创新体制机制，持续推动绿水青山向金山银山转化

生态环境资源是重要的生产要素，绿水青山向金山银山转化的顺畅与否和是否可持续决定了这种生产要素能否持续有效地转变为经济发展效益，这在很大程度上依赖于转化机制的设计。恩施州立足于促进资源环境价值化、产业化的思路，探索创新转化体制机制。

构建特色资源开发利用地方标准体系。恩施州的硒资源类别多、分布广，已经成为全州产业发展的一张名片，但是在硒资源的保护与开发利用之间还存在一定的矛盾。为占据市场主动权和话语权、提高含硒产品的附加值，为硒产业的高质量发展创造更好的条件和平台，恩施州积极推进硒资源保护与合理利用。2010 年 6 月，湖北省质监局、恩施州人民政府签署了《关于推进质量兴州战略促进恩施跨越式发展合作备忘录》，正式提出共同建设国家富硒产品质量监督检验中心。2015 年，国家富硒产品质量监督检验中心在恩施州正式挂牌。此外，湖北省硒产业协会、富硒特色农产品精深加工研究院、世界硒都硒产业标准化联合会、湖北省富硒产业研究院等一批权威科研机构也在恩施州相继落户，打造出全国首个产学研一条龙的硒产业体系[80]。截至 2019 年年底，恩施州累计发布涉硒地方种植养殖标准 34 项、涉硒团体标准 7 项。2021 年，恩施州第八届人民政府第八十五次常务会议审议通过了自 2022 年 4 月 1 日起施行的《恩施土家族苗族自治州硒资源保护与利用条例实施细则》，这是我国首部硒资源综合性法规，为进一步规范硒资源开发与利用提供了依据。

加强区域公用品牌整合。为规范区域公用品牌使用和管理，恩施州出台了《"恩施玉露""利川红"品牌管理办法》《恩施玉露、利川红地理标志证明商标州域公共品牌管理办法》《"一红一绿"茶叶品牌发展保护方案》等管理办法和政策文件，开展了"利川红""恩施玉露"（简称"一红一绿"）品牌保护专项行动，实施了品牌保护铁拳行动，"恩施玉露""利川红"地理标志证明商标被成功扩大到全州使用，州内有百余家企业申请使用"一红一绿"商标。"恩施玉露"被列为省级重点打造的七大茶叶区域公用品牌之一，"恩施硒茶""伍家台贡茶""利川大黄"荣获第三届湖北地理标志大会暨品牌培育创新大赛金奖。根据《2023 中国茶叶区域公用品牌价值评估报告》，恩施州 4 个茶叶品牌总价值超过 85 亿元，"恩施玉露"品牌价值为 32.63 亿元，全国排名第 41 位，"恩施硒茶"品牌价值为 25.47 亿元，全国排名第 56 位，"鹤峰茶"品牌价值为 20.35 亿元，全国排名第 66 位，"利川红"品牌价值为 7.49 亿元，全国排名第 102 位。

拓展生态补偿机制覆盖领域与范围。2020 年 12 月，恩施州人民政府办公室印发了《清江流域上下游横向生态保护补偿实施方案（试行）》，提出恩施州清江流域范围内的恩施市、利川市、建始县和巴东县将依据断面水质情况进行考核补偿，这标志着恩施州流域横向生态保护补偿机制的正式建立。2022 年，宣恩县和来凤县建立酉水河流域横向生态保护补偿机制，咸丰县和宣恩县建立忠建河流域横向生态保护补偿机制。与此同时，恩施州还探索建立跨市州流域横向生态保护补偿机制。2022 年 10 月，恩施州与宜昌市共同研究拟定了《恩施州和宜昌市长江、清江流域横向生态保护补偿方案（试行）》；同年 11 月，恩施州人民政府与宜昌市人民政府正式签订长江、清江流域横向生态补偿方案，在湖北省率先建立跨市州流域横向生态保护补偿机制。此外，恩施州还建立了重点公益林生态补偿，按照《国家林业局　财政部重点公益林区划界定办法》（林策发〔2004〕94 号）和《湖北省级公益林区划界定技术要点》的规定，对全州林业用地进行区划界定，共区划界定国家级公益林 854.32 万亩，按照每年每亩 12.75 元的标准全部纳入生态补偿，进行严格保护。

探索创新生态产品价值市场化机制。为积极融入国家和省级生态权益交易市场，恩施州引入湖北宏泰集团与州政府签订战略合作协议，恩施市政府、来凤县政府分别与湖北碳排放权交易中心、湖北中碳资产管理有限公司签订合作协议，以林业碳汇开发为突破口，建立全州统一的碳排放权交易机制。根据国家、省关于推进水权交易工作的指导意见和省分配的"十四五"用水指标，分配到县（市）用水指标，积极开展水权交易基础工作。为推动构建生态产品价值实现金融支撑体系，恩施州积极推进绿色金融改革创新试点建设，印发实施《恩施州推动绿色金融改革创新试点工作方案》《恩施州绿色金融改革创新试点工作机制》，开展银行机构绿色金融绩效评价，推动绿色信贷投放。全面推广农村土地经营权抵押贷款，建立贷款抵押登记机制、价值评估机制、风险处置机制、抵押物处置机制，以破解农村土地经营权融资抵押担保难题；同时，将农村土地经营权抵押贷款业务纳入对州农行、邮储银行、恩施农商行、兴福村镇银行的考核内容，引导银行机构推广农村土地经营权抵押贷款。积极探索"农保贷"业务试点，在全省率先开展"农保贷"业务试点，2022 年全州共发放农保贷 580.9 万元。此外，恩施州探索开发了"企业金融服务方舱""政采贷""养猪易贷""硒茶贷"等信用产品，为企业发展提供了信贷支持。州城恩施市在集体林地"三权分置"（所有权、承包权、经营权）运行机制上大胆探索，创新集体林地承包经营权有偿退出机制，被国家林草局选入《集体林业综合改革试验典型案例》（第一批）并在全国推广。

专栏 3-1　恩施市探索集体林地承包经营权退出机制主要做法

　　随着林业综合改革的不断深入,制约林业发展的体制机制问题逐渐显现。如何为经营主体规模性使用森林资源和农户申请有偿退出林地承包经营权找好结合点,探索新的途径和办法,在深入调研的基础上恩施市提出了集体林地有偿退出的理念,出台了《恩施市集体林地承包经营权退出与再发包管理办法(试行)》,从政策层面突破了集体林地在保护发展方面存在的难题。

　　一是制定政策,保障权益。村级组织对退回的集体林地通过招商引资进行开发,在充分保证林农利益的基础上,制定优惠政策,兼顾企业、集体利益不受损失。相继出台了《关于完善农村土地所有权承包权经营权分置办法的实施意见》《恩施市集体林地承包经营权退出与再发包管理办法(试行)》《恩施市完善农村土地所有权承包权经营权分置办法的实施方案》等政策性文件,为"三权分置"提供政策支撑。舞阳坝街道办事处耿家坪村 35 户林农的 89.8 亩集体林地经营权自愿退出 30 年,用于公益性公园建设,林农直接获利 1 246 万元;舞阳坝街道办事处枫香坪村桂花树组 31.227 亩林地经营权流转 30 年,林农直接获利 277.954 8 万元;龙凤镇三河村苦竹林组 24.130 4 亩林地经营权流转 30 年,林农直接获利 164.962 万元。林农权益得到保证,林地获利得到激发。

　　二是保护开发,齐头并进。在引进企业开发的同时,坚持生态优先,不得改变林地用途,不得破坏生态环境,仅利用森林景观合理开发,最大限度地保持原生态。沙地乡麦淌村引进的森林康养项目就是利用森林原始景观适度开发让游客享受天然美景,舞阳坝耿家坪村的公园建设在不破坏生态环境的条件下让城市拥抱森林。

　　三是积极引导,规范流转。以点带面,在麦淌村、耿家坪村成功流转的基础上,鹿院坪生态旅游项目、铜盆水森林康养项目使用林地充分利用了"三权分置"经验,进展顺利。

资料来源:《集体林业综合改革试验典型案例》(第一批)(http://www.forestry.gov.cn/ main/3957/ 20201118/151812177118200.html)。

　　健全生态产品价值实现机制的人才与科技支撑体系。加强"绿水青山就是金山银山"研究智库建设,围绕实践创新,开展课题研究、提供决策咨询。2023 年 8 月,成立了恩施州"绿水青山就是金山银山"实践创新智库,选聘了 25 名首批"绿水青山就是金山银山"实践创新智库专家,并举行了第一次高峰论坛。加强高校相关专业建设,恩施职业技术学院被立项为湖北省高水平高职院校,旅游管理(生态文化旅游)、畜牧兽医(硒食品精深加工)两个专业群被立项为省级高水平专业群。湖北恩施学院医学检验技术专业获批省级一流专业,与北京中公教育签约共建"中公产业学院",与深圳讯方技术股份有限公司签约共建"5G(ICT)产业学院"。加强科技人才引进,恩施州委、州政府出

台了《关于加强和改进新时代人才工作的若干措施》，推进实施企业经营管理人才育强工程、技术技能人才支撑工程、名师名医名家造就工程、乡土人才振兴工程四大人才培育工程。州人民政府印发实施《恩施州支持高校毕业生就业创业十条措施》，加大人才吸引力度。

3.2 "绿水青山就是金山银山"转化模式与典型案例

恩施州在"绿水青山就是金山银山"转化方面开展了诸多有益探索，具备良好的基础，结合自身特色逐步形成了一些有代表性的发展模式。概括起来，目前主要形成了"旅游+转化"、"政府引导+科技转化"、生态农业转化3种模式，打造了一批典型案例。

3.2.1 "旅游+转化"模式

"旅游+转化"模式探索了从自然生态和人文资源到经济价值的转化，将良好的生态环境本底和优秀的文化资源保护及开发作为促进经济发展的动力源。千篇一律体现不出地方特色与优势，也容易导致同质化竞争并造成效率低下。因地制宜地探索地方特色的转化路径是"绿水青山就是金山银山"转化的重要思路。恩施州始终坚持在开发中保护、在保护中开发，立足于优美的山水环境，并嵌入特色的民族文化，结合现代元素走出了一条自然与人文深入融合的转化路径，在最大限度地保护生态环境的基础上，一方面有力地提升了景区的吸引力，另一方面也传播了传统文化，同时还带动了周边居民的就业，促进了生态优势转化为发展优势，实现了旅游产业发展和生态环境保护共赢。

案例1：推进生态与人文深度融合，恩施大峡谷展新颜

恩施大峡谷旅游景区位于恩施市，是国家AAAAA级旅游景区、国家地质公园、湖北省文明景区、湖北十大旅游名片，入选长江三峡30个最佳旅游新景观之一。恩施大峡谷是世界上唯一的"地缝—天坑—岩柱群"同时并存的复合型喀斯特地貌，拥有清江升白云、绝壁环峰丛、天桥连洞群、地缝接飞瀑、暗河配竖井五大地质奇观，被誉为"世界地质奇观""东方科罗拉多"。景区2019年接待游客2 252万余人次，实现旅游综合收入52.5亿余元，游客量同比增长5.53%。景区旅游扶贫提供工作岗位1 000余个，带动周边5 000余人常年就业。

成立环境保护委员会以加强生态环境保护。恩施大峡谷旅游景区的运营管理始终坚持在开发中保护、在保护中开发，成立了环境保护委员会，制定了恩施大峡谷环境保护管理办法。景区地质灾害和危岩治理累计投资超过2亿元，自建生态湿地污水处理站，严格按照环保排污标准排放，且所有建设项目均按环评要求完成审批及验收；投资建设

3 500 多个生态停车场，购置环保车辆以应对紧急环保突发事件。

挖掘民族特色文化以增强景区吸引力。在独具喀斯特地貌的大峡谷边建设恩施大峡谷大型山水实景音乐剧场，占地面积 240 多亩，总建筑面积 4.9 万 m^2，是世界上最大的峡谷实景剧场，可容纳 2 580 名观众同时观看。剧场背景融合民族建筑风格，把具有土家族独特建筑风格的吊脚楼旧址完全还原到剧场村寨、亭、廊、牌坊与土司主楼、吊脚楼群中，形成了具有地域特色的历史文化建筑群。打造大型山水实景音乐剧《龙船调》。《龙船调》这一恩施民歌已被联合国科教文组织评选为世界 25 首优秀民歌之一。景区融合自然资源与民族传统文化以丰富旅游项目的做法既保护传播了民族文化，又提升了景区影响力。

依托景区发展多途径带动周边居民就业增收。景区对当地荒山荒坡进行土地流转，平均每户农民获得补偿收入达到 20 万元。在景区出入口和景的缓冲区建设 200 余家商铺，引导当地近 400 人就业，年均收入超过 4.5 万元，最高超过 20 万元。同时，通过景区带动了附近居民发展农家乐、民宿、餐饮等，还支持个体工商户围绕旅游拓宽市场，带动一批能人参与到景区发展中，从多个维度全面带动了当地发展。此外，周边村民可以通过参加群演来增加收入。

案例 2：依托历史文化遗址，以唐崖土司城址推进文旅融合发展

唐崖土司城址位于咸丰县唐崖镇唐崖河畔，是鄂、渝、湘、黔边少数民族地区最具代表性的土司遗址。城址始建于元末，鼎盛于明天启，废于清雍正十三年改土归流，总面积达 74 万 m^2。唐崖土司城址于 1992 年被湖北省政府公布为湖北省文物保护单位，2006 年被国务院公布为全国重点文物保护单位，2012 年被国家文物局列入"中国世界文化遗产预备名单"，2015 年 7 月 4 日申遗成功，成为中国第 48 处、湖北省第 3 处世界文化遗产。

多种途径加强文物资源保护。坚持保护是利用的前提和基础，恩施州严格按照世界遗产标准，加强遗址核心区文物本体和环境风貌保护。先后出台了《关于加强唐崖土司城址世界文化遗产保护管理工作的意见》《唐崖土司城址保护管理办法》《唐崖土司城址保护管理规划（2013—2030）》等规章制度，并加强了对专业旅游运行公司的监管，以确保保护贯穿旅游开放的全过程。抓好遗址现场管理，开展日常巡视和 24 小时环境及安全监测，定期出具监测数据分析报告。推进文物保护项目建设，从 2013 年起先后实施了唐崖土司城址环境整治、安防、监测、消防、展示利用等 30 余个保护工程项目，其中环境整治工程投资 660 万元、消防工程投资 476 万元、文物展示利用工程投资 501 万元。通过宣传折页、宣传挂历等，当地群众文物保护意识得到加强。

深入挖掘文化底蕴以扩大知名度。借助省内高等院校的人才和智力优势，深化唐崖

土司城址的历史文化、科学艺术价值发掘研究，与中南民族大学合作共建唐崖研究院，积极推动和参与第四届"唐崖论坛"举办，编辑论坛论文集，扩大"唐崖论坛"影响力，提升世界文化遗产唐崖土司城址的知名度、美誉度。完成系列文创产品的设计与开发，推出全国首创的 36 套"唐崖土司服饰"系列，建成以唐崖土司发展史实为主题的"唐崖土司城史事"雕塑，艺术再现唐崖土司城址的发展历程。

打造"唐崖"公共品牌，提升旅游吸引力。着力打造"唐崖"公共品牌，推出唐崖礼道、唐崖茶道、唐崖味道等统一策划的宣传系列，并推出"唐崖硒米""唐崖硒茶""唐崖硒果""唐崖硒禽""唐崖硒蜜"等产品，带动周边产业发展。精心打造文化品牌，推出大型土家南剧《唐崖土司夫人》。该剧先后荣获"湖北戏剧牡丹花奖""屈原文艺奖"，成为中华人民共和国成立 70 周年进京展演的湖北省唯一剧目、全国少数民族地区五台剧目之一，进一步扩大了唐崖土司文化的影响力。

3.2.2 "政府引导+科技转化"模式

"政府引导+科技转化"模式充分发挥地方政府能动性，加强组织领导与工作统筹，加强资源利用和产品开发的科技创新投入，积极引导、规范地方对特色优势资源的开发利用，实现统筹保护、统一开发、规范运营等，提升产品的竞争力、影响力和附加值，将特色资源蕴含的生态价值变为经济价值。

案例 3：保护与开发并重，以优质硒资源打造优势硒产业

生态是底色、富硒是特色。恩施州坚持政府主导，以硒资源为切入点，大力发展硒产品精深加工产业集群，加强科技创新投入，提升硒产品的"含金量"，以硒产业的高质量发展擦亮"世界硒都"金字招牌，实现生态产业化、产业生态化。

建立健全机制，加强硒资源开发利用管理。为促进绿色硒产业高质量发展，恩施州成立了"世界硒都·中国硒谷"建设工作领导小组，建立硒资源保护与利用联席会议制度，形成党政主导、行业主抓、部门主责、企业主体的硒产业发展格局，颁布实施《恩施土家族苗族自治州硒资源保护与利用条例》及实施细则。开展了全域 1：50 000 和重点区域 1：10 000 土壤硒资源普查，建立了全州硒资源分布信息库。通过立足丰富的硒资源，恩施州在全国率先成立了专职机构"硒资源保护与开发中心"，重点开展全州硒资源保护与开发的政策及战略性重大问题研究、硒资源保护与开发等工作。印发实施了《恩施州硒产业发展"十四五"规划》，绘制了硒产业现状全景图、结构布局图、发展路径图。

注重硒品牌建设与宣传，提升品牌知名度。持续实施"质量兴州"战略，加强硒产品名、优、特品牌的创建。全州现有"恩施土豆""恩施硒茶"等多件地理标志商标，

注册涉硒企业商标达数百件。系统性制定硒品牌产品的传播、推广、营销计划,并对硒品牌产品常态化实施追溯管理。坚持"请进来"与"走出去"双向发力,构建全域多元并进的展销渠道,促进硒产业蓬勃发展。恩施州连续成功举办了六届世界硒都(恩施)硒产品博览交易会,主办了中国茶业科技年会等多场重要活动。积极组织涉硒企业参加世界大健康博览会等全国性交流合作活动,并在国内多个城市建立了硒产品专营店。依托"832"等多个电商平台,线上销售富硒产品。

积极培育市场主体与产业集群,拓展生态价值实现路径。恩施州制定了加快推进产业集群高质量发展、建设硒产品精深加工产业链等系列政策措施。积极发展硒产品加工,在全州"1+8"工业园区均规划建设了硒产品精深加工产业园,形成功能互补的绿色产业体系和产业集群布局。培育龙头企业,打造产加销贯通、贸工农一体、三产融合发展的企业集群。深度谋划涉硒项目,大力发展硒功能食品、硒生物制品等硒产品精深加工产业。

强化标准制定与科技创新,提升行业"话语权"。积极参与硒产品国家标准、行业标准、地方标准和企业标准的制(修)订,推动建设了硒红茶、硒稻谷等多个涉硒农业标准化种植示范区。广泛吸纳国内主要硒产业发展地区的分散指标,首次提出并编制发布了"中国硒产业发展恩施指数",依托国家富硒农产品加工技术研发专业中心发布《硒农业通用术语》(T/CAI 015—2022)团体标准,全面推广"含硒、富硒、富有机硒"三级认证。加强技术研发。恩施州拥有全国唯一的硒基础研究省级实验室,已建成全国唯一的国家富硒产品质量检验检测中心和硒资源国际交易中心。依托州内国家级硒科研检测平台和省级硒相关研究院等,积极推进科研创新、技术咨询、标准研制、检验培训等综合服务。建立国家级科技孵化器、国家级众创空间、省级校企联合创新中心,启动筹建湖北省硒重点实验室,取得涉硒科技成果百余项。组织实施了富硒生物营养强化剂开发与应用研究、富硒标准化种植养殖试验示范等一批科技项目。成功破译恩施碎米荠基因组,以堇叶碎米荠为原料开发多款有机硒产品。"硒与健康"研究项目取得新进展,完成不同形态价态的硒摄入安全性评价。

加强合作交流与人才培养,强化智力支撑。加强交流合作,恩施州与中国科学院、新西兰奥克兰大学等国内外多家院所机构建立了长期合作与协同创新关系。强化人才引进与培育,实施"硒谷英才"计划,建设涉硒院士专家工作站和博士后科研工作站,培养优秀科研创新人才团队。

案例 4:科学规划、科技支撑,"关口葡萄"服务三产融合以强镇富民

花坪镇位于建始县,面积 421 km²。"关口葡萄"起初由 20 世纪 20 年代比利时的一位传教士相赠,因其风味独特而声名大噪。2017 年 5 月,湖北省政府将"花坪葡萄特色

小镇"正式纳入国家特色小镇培育范畴，"关口葡萄"品牌被湖北省列为著名商标，并取得了农业部地理标志认证。"关口葡萄"已成为花坪镇的优势主导产业。2019年，地区生产总值14亿元，农业生产总值近7亿元，实现旅游综合收入6亿元，农村居民人均可支配收入达到11 385元。

科学规划以"关口葡萄"作为农业主导产业。花坪镇政府坚持"三年大建设、五年见效益、十年大发展"的总体思路，制定农业产业规划，推行农业绿色发展理念，坚持农业特色化、规模化、产业化的发展思路，防止工业污染，控制农业面源污染。推行政府主导模式，围绕主导产业，以奖补的方式逐步补贴农民的前期投入，激励老百姓做实基地规模，做强产业品牌。推行干部驻村帮扶模式，驻村单位根据本村产业发展情况帮助制定产业发展规划，引进市场主体，积极争取项目资金，研究解决市场主体在生产中存在的困难和问题，引导农民家门口就业。目前，花坪镇已将特色农产品"关口葡萄"发展成为农业主导产业，全镇关口葡萄种植面积达2万余亩，有深加工龙头企业2家、专业合作社15家。花坪镇还制定了全域旅游发展布局，以景区为带动，以产业为支撑，高标准规划、高品位建设全域旅游，已建成"小西湖—黄鹤桥—长槽—村坊—校场—西山—石马"15 km特色农业产业休闲观光长廊。

科技创新支撑产品品质提升。当地政府与湖北省农业科学院果树茶业研究所、华中农业大学、恩施州农业科学院茶业研究所、恩施职业技术学院等科研教学机构的专家组建研发团队，对"关口葡萄"的历史、栽培措施、贮藏保鲜及精深加工等进行研究，编制《关口葡萄种植技术规程》，解决技术难题。花坪镇政府推动基地托管模式，引进第三方技术服务，通过组建农产品专业合作社，实行统防、统治、统管，提升农产品品质，统一"关口葡萄"品牌标识，增强农户质量意识，促进农民增收。推动"能人回乡"带动模式。回乡能人通过创办合作社和龙头企业免费为贫困户提供种子、肥料和技术指导，并以高于市场价回购产品的方式带动贫困户发展产业，达到稳定增收，最终实现脱贫。截至2019年，仅"关口葡萄"带动农户6 200多户，其中贫困户680多户，每户平均增加收入约25 000元。

推进绿色化种植与质量监管。从源头提升产品品质，推广避雨栽培，实现区域内避雨栽培全覆盖。采取太阳能杀虫灯、黄板纸、粘虫胶、糖醋液等物理诱杀技术和套袋措施，减少杀虫剂、杀菌剂的使用；推广生物农药和有机肥资源化利用，减少农业面源污染。建立产品追溯体系，完善县、镇、村三级农产品质量检测监管网络，为"关口葡萄"进行质量背书。与此同时，采用"平台+专业合作社+农户+基地"的销售模式，明确线上、线下销售的责任企业（责任合作社、责任人），对产品的包装、质量进行严格把关，提升"关口葡萄"的品质和知名度。

农文旅融合发展延伸产业链。坚持"把产品卖出去"和"把游客引进来"相结合，实现农业产业和旅游产业发展相互促进。在葡萄主产区村坊村建设"关口葡萄"交易市场,提高葡萄交易便利度。积极鼓励社会资本参与葡萄酒庄、葡萄酒厂、保鲜库、葡萄酒吧、特色葡萄种植园的建设和经营,引导农民开办农家乐和旅游商店,建设葡萄产品电商特色村,延展葡萄产业链。建设集特色农业产业观光、民俗文化体验、休闲康体养生于一体的葡萄小镇,推出以"关口葡萄采摘节"为主的乡村旅游项目,与镇内 AAAA 级景区野三峡黄鹤桥景区、鸡公岭飞拉达攀岩基地等旅游区相互促进,大力培育以"关口葡萄产业+旅游+休闲养生"相融合的特色产业。据统计,当地 8 000 余户农户、9 000 多名贫困人口、2 家农业龙头企业、3 个旅游景区、26 家葡萄种植专业合作社和 35 家农家乐整体联动,实现葡萄产业总产值达到 5.3 亿元以上,实现旅游综合收入增值 2 亿元以上。

3.2.3　生态农业转化模式

生态农业转化模式是探索发展生态循环农业、道地中医药等产业的转化模式,主要以发展特色产业为核心,围绕特色生态资源实现经济价值,从重点追求农业产值转向重视资源高效利用、环境安全与高产高效并重,将生产、生态、生活服务功能一体化开发。

案例 5:伍家台完善茶产业链建设,推进茶旅融合

伍家台村位于宣恩县万寨乡集镇之南,距县城 17 km,全村拥有富硒茶园 20 余万亩。伍家台村深入挖掘茶文化与茶叶资源优势,注重打造、延伸茶叶产业链,围绕观茶、采茶、制茶、品茶等消费场景,把茶园变成观光园,把茶叶变成旅游商品,把品茶变成旅游文化,把茶叶加工变成体验艺术,把茶旅产业变成绿色崛起、决战小康的支柱产业,带动了当地居民增收。2019 年,伍家台贡茶文化旅游区接待游客 62.3 万人次,实现旅游综合收入 1.5 亿元,带动安置点及周边贫困户近 600 人就业。

深挖文化富硒资源,做大伍家台茶叶品牌。伍家台村水分日照充足、植被茂密、天然富硒,茶叶种植历史悠久,因乾隆皇帝御赐伍家台茶叶"皇恩宠锡"牌匾,得名"伍家台贡茶"。伍家台村现有通过认证的有机茶园 3 600 亩、富硒茶园 20 余万亩,这是伍家台有机富硒贡茶的发源地。"伍家台贡茶源"被列为省级重点文物保护单位,"伍家台贡茶制作"入选省级非物质文化遗产名录。2008 年,"伍家台贡茶"成为国家地理标志保护产品,获得国内最高级别的农业规范认证和欧盟有机食品、美国有机食品等认证,茶叶出口市场扩大到美国、日本、欧盟和中东等 10 多个国家和地区,年出口过万吨,成为宣恩茶叶打开国际市场的"国家名片"。

政府助力企业运营,促进茶旅融合发展。地方政府大力改善、提升伍家台村生态环境,由政府出资修建高标准旅游厕所、旅游公路、生态停车场等基础设施,以提升伍家

台景区服务品质。伍家台以千亩贡茶园为主体创建"伍家台贡茶文化旅游区"，2016 年成为国家 AAAA 级旅游景区，先后被评为湖北省休闲农业示范点、全国最美茶园，被国际茶叶委员会授予"国际魅力茶乡"等称号。2017 年，编制实施《中国宣恩·伍家台贡茶小镇总体规划》，伍家台贡茶小镇项目于 2018 年被评选为优选旅游项目。引进康辉文化旅游集团，负责伍家台景区的运营和贡茶小镇的投资建设，改造特色民居，打造生态有机茶园，修建茶园观光漫步栈道，新建现代化茶叶加工厂房、观光通道、休闲观光凉亭、伍家台茶壶等标志性建筑。

多种手段加强宣传，擦亮品牌、扩大影响。以伍家台的故事为主题拍摄并播出电视剧《追寻》，以伍家台贡茶为主题拍摄多部微电影《茶山里的舞者》《回家的路有多远》等，并将其作为贡茶宣传片，通过网络平台、伍家台景区电子显示屏等多种媒体传播途径公开展播。同时，伍家台搭建线上购买特色农产品平台，成立伍家台乡村旅游智慧服务中心和"全域旅游+互联网"双创平台，销售伍家台旅游产品，传播伍家台贡茶文化。自 2013 年起，每年举办贡茶文化旅游节系列活动，通过茶旅融合旅游推介会、贡茶仙子评选比赛、贡茶先祖拜谒大典、土特产展销会等一系列活动，提升伍家台贡茶的知名度和影响力。2019 年，伍家台贡茶文化旅游区接待游客 62.3 万人次，同比增长 11.6%，实现旅游综合收入 1.5 亿元，同比增长 17.2%。

3.3 推进"绿水青山就是金山银山"转化经验总结

恩施州在积极探索"绿水青山就是金山银山"转化路径的过程中，之所以能够形成"旅游+转化"、"政府引导+科技转化"、生态农业转化等典型模式并打造出一批典型案例，初步实现生态环境保护与经济社会发展的协调共进，除了依托其独特丰富的自然资源禀赋，主要还有组织领导、绿水青山保护、绿色产业发展、体制机制创新、科技支撑等方面积极因素的推动。

强有力的组织领导是"绿水青山就是金山银山"转化取得实效的根本保障。恩施州是国家重点生态功能区，生态本底好、自然人文资源丰富但经济基础薄弱是恩施州最大的实际，生态既是恩施州最大的优势，也是最大的发展潜力所在；同时，只有创新体制机制，拓宽优势资源潜在价值的显现路径，才能实现发展的破局。在这个基本认识下，"生态立州"成为恩施州发展的基础定位，"绿水青山就是金山银山"转化之路也就成为恩施州高质量发展的必由之路。坚强有力的组织领导是推进"绿水青山就是金山银山"转化实践落到实处、取得实效的关键和保证，恩施州委、州政府成立了以州委书记为组长，州委副书记、州长为第一副组长的创建工作领导小组，组建了州委常委和副州长双挂帅的创建工作专班。领导小组和工作专班统筹"绿水青山就是金山银山"实践创新基地建设,研究部署重大决策,协调解决重大问题,督促落实重大事项。2022 年,湖北省第十二次党代会的召开进一步赋予了恩施州建设"绿水青山就是金山银山"实践创新示范区的发展定位与重大使命,这充分体现了省委、省政府对恩施州"绿水青山就是金山银山"转化工作的肯定与高度重视,提振了恩施州推进"绿水青山就是金山银山"转化的信心和决心,为持续深入推进转化工作注入了更为强大的动力。

资源环境要素内化为经济发展要素是"绿水青山就是金山银山"转化的根本动力。良好的生态环境是进一步发展的坚实基础。只有保护好绿水青山,才能源源不断地带来金山银山,最终实现绿水青山与金山银山的良性循环。"恩施的优势在生态,潜力在生态,未来也在生态。"深谙这一发展道理的恩施人在夯实绿水青山本底上下足了功夫。2015—2021 年,恩施州连续 7 年获得生态省考核"优秀"等次。良好的资源环境本底不会自然地转化为经济价值,需要在保护优良生态环境的基础上坚持生态产业化的基本思路,将资源环境要素打造为经济发展要素,成为生态产业发展和产业链建设的重要投入。因此,恩施州充分利用自身特色资源优势,着力推进品牌建设,构建了绿色循环低碳的产业体系,将特有的"土硒茶凉绿"资源嵌入生态文化旅游、硒食品精深加工、生物医药、清洁能源等产业,拓展延伸生态产品产业链和价值链。在推进品牌建设方面,通过品牌联姻、展会搭台、借船出海等方式拓展消费市场,提升农产品市场竞争力和品牌影响力,打造以区域公用品牌为统领、国家地理标志品牌为依托、企业品牌和产品品牌为支撑的多层次品牌体系,不断提升区域公用品牌的价值。此外,产业生态化也是巩固"绿水青山就是金山银山"转化的重要一环,恩施州坚持降碳、减污、扩绿、增长协同推进,严控"两高"项目,推进传统产业迭代升级,倒逼落后产业"腾笼换鸟",加速培育引进新兴产业,严守生态红线,用"长牙齿"的手段守住绿色发展的安全边界。

完善的配套政策体系与保障机制是"绿水青山就是金山银山"转化的根本支撑。生态产品价值实现是一项复杂的系统工程,必然会面临不同领域的障碍,需要建立一套相对完善的政策保障体系和保障机制才能实现转化的高效率、可持续。恩施州积极探索开展系列体制机制创新,成功激活了转化密钥,也为实质破解生态产品难度量、难抵押、难交易、难变现等问题提供了恩施解法。例如,在自然资源资产确权登记方面,恩施州完成了自然资源资产负债表编制,全面推进了自然资源统一确权登记,2014 年开展了生态价值的探索性评估,探索生态产品价值核算方法;在生态补偿机制建立方面,恩施州完善了多元化的生态补偿机制,制定了《清江流域上下游横向生态保护补偿实施方案(试行)》,形成了"成本共担、效益共享、合作共治"的河流流域保护和治理长效机制,将国家级公益林全部纳入生态补偿范畴;在硒资源保护与利用方面,推进涉硒政策与地方标准制定以掌握行业的话语权;在生态产品价值市场化机制探索方面,创新了集体林

地承包经营权有偿退出机制并在全国推广；在金融机制创新方面，开发了针对以大产业[①]
建设为重点的所有实体中小微企业的"企业金融服务方舱"、针对参与政府采购活动并中标的中小微企业的"政采贷"、适用于生猪养殖户及茶叶行业农户的"养猪易贷""硒茶贷"等信用产品。

科技与人才支撑是"绿水青山就是金山银山"持续转化的重要保证。科学技术是第一生产力，创新是引领发展的第一动力。"绿水青山就是金山银山"转化也必然要通过科技创新的驱动来塑造发展的新优势。为强化促进生态经济转型升级的关键支撑，夯实"绿水青山就是金山银山"转化的驱动力，恩施州从科技企业培育、人才培养、专家引进等多点发力，不断增强"绿水青山就是金山银山"转化的科技支撑力。例如，在科技企业培育方面，组织开展了服务高新技术企业的"春晓行动"，为高新技术企业提供了全方位的要素保障；同时，考虑到在硒资源方面的独特优势，恩施州着力提升涉硒企业的科技创新能力，引导科技企业孵化器、众创空间加强涉硒科技型中小企业孵化，鼓励涉硒科技型中小企业加大研发投入和技术改造力度。在科技创新人才培养方面，立足"绿水青山就是金山银山"转化的现实需求，推进高校相关专业建设，分别与北京中公教育、深圳讯方技术股份有限公司签约共建"中公产业学院""5G（ICT）产业学院"。在人才的引入与培养方面，推进实施企业经营管理人才育强工程、技术技能人才支撑工程、名师名医名家造就工程、乡土人才振兴工程等人才培育工程，实施"候鸟人才""硒谷英才计划"等工程，为人才引进提供优惠政策。此外，引入"外脑"成立恩施州"绿水青山就是金山银山"实践创新智库，为创建"绿水青山就是金山银山"实践创新示范区的实现路径与模式出谋划策。科技和人才已成为恩施州持续推进"绿水青山就是金山银山"转化的重要保证。

3.4 "绿水青山就是金山银山"转化面临的形势

3.4.1 存在的主要问题与挑战

近年来，恩施州生态环境质量稳中有升，一直位于全省前列；同时，生态产业体系不断壮大，2018年地区生产总值跨越千亿元大关，初步实现了生态环境保护与经济社会发展的协同共进，但是生态价值向经济价值转化的程度还不够。综合分析，主要存在以下几个方面的问题。

---

① 大产业即大而强的生态旅游康养产业、大而全的清洁能源产业、大而精的富硒产业、大而特的生物医药产业、大而新的绿色新兴产业。

1. 生态产品价值量化与运用存在较大困难

生态产品价值量化是推进"绿水青山就是金山银山"转化的重要工具，目前生态产品价值核算的量化和运用还处于前期探索阶段。2021 年，中共中央办公厅、国务院办公厅印发《关于建立健全生态产品价值实现机制的意见》，明确提出要"制定生态产品价值核算规范。鼓励地方先行开展以生态产品实物量为重点的生态价值核算，再通过市场交易、经济补偿等手段，探索不同类型生态产品经济价值核算，逐步修正完善核算办法。在总结各地价值核算实践基础上，探索制定生态产品价值核算规范，明确生态产品价值核算指标体系、具体算法、数据来源和统计口径等，推进生态产品价值核算标准化"。目前，虽然有不少科研机构和地区开展了生态产品价值核算探索，如 2020 年浙江省发布了全国首部省级 GEP 核算标准《生态系统生产总值（GEP）核算技术规范陆域生态系统》，2021 年深圳市出台了《深圳市生态系统生产总值（GEP）核算技术规范》，2021 年南京市地方标准《生态系统生产总值（GEP）核算技术规范》正式发布，但是在这些规程中核算方法各异，指标的选择也有较大的差异。没有统一的核算方法、权威的核算机构等，生态产品价值量化在跨区域生态补偿、生态转移支付及生态产品权益交易中的应用就难以实现。

2. 绿水青山保值增值面临较大压力

恩施州地处武陵山腹地，生态环境脆弱性、敏感性高，受山地地形和喀斯特地貌影响，水土流失较为严重，2021 年全州水土流失面积占土地总面积的 29.32%（其中程度为剧烈的占 1.16%），均为全省最高，生态保护与修复任务艰巨，对开发活动的承受能力较低。恩施州现阶段生态环境质量进一步改善的空间较小，如 2021 年全州环境空气优良天数比例为 95.9%，下辖 8 个县（市）均在 94% 以上，其中利川市、咸丰县、鹤峰县分别达到了 100%、100%、99.7%。按现阶段标准来看，环境空气质量几乎难有上升空间，保持相对稳定是其重点工作，但是随着城镇化的深入推进，污染物的排放、资源的占用、空间的挤占等问题都会对生态环境产生一定的负面影响，实现生态环境质量"只能变好不能变坏"的压力较大。此外，污染防治攻坚由"坚决打好"向"深入打好"转变，触及的矛盾和问题层次更深、领域更广，恩施州存在土壤及地下水污染防治工作基础薄弱、农村生活污水治理仍处于基础工作阶段等问题。

3. 产业基础不强且同质化竞争明显

恩施州的产业基础相对薄弱，产业规模、企业数量等与湖北省内同等级的地市相比都存在较大的差距。例如，根据统计年鉴相关数据，2020 年恩施州规模以上工业企业单位数量为 364 个，仅占全省的 2.3%。同时，产业发展层次也不高，农产品加工业、硒食品精深加工、生物医药等都还处于初级加工阶段，附加值不高、带动能力不强。另外，产业发展的科技支撑能力也不足，2020 年恩施州的高新技术产业增加值占地区生产总值的比重仅为 2.65%，比全省平均水平（19.99%）低 17.34 个百分点。恩施州是世界硒都，硒资源是其最大的特色优势。硒产业已成为恩施州的特色产业，但是涉硒企业缺乏能引领带动行业、串联产业链的大型龙头企业，并且硒食品开发关键技术研究投入不足，以硒资源为代表的产业发展优势尚未充分显现。此外，区域公用品牌距离全国知名品牌还有差距，影响力、竞争力不强，品牌价值还有待提升。

4．"绿水青山就是金山银山"转化机制有待深入探索

生态产品实现市场化的交易机制不健全，自然资源有偿使用的覆盖面不够广，森林碳汇交易还处于探索阶段。以生态环境要素为实施对象的分类补偿制度还处于探索阶段，生态补偿手段大部分主要依靠政府财政投入，补偿方式比较单一，市场化、多元化的补偿方式尚未建立。促进集体行动的利益协调机制建立的难度较大，"绿水青山就是金山银山"转化涉及不同的区域层级和参与主体，如恩施州各县（市）基础要素禀赋具有较大的相似性，产业发展以农产品加工和旅游业为主，趋同现象较为突出。另外，不同参与主体的认知、参与意愿也不一样，如何平衡它们之间利益关系以促进达成集体行动也存在较大困难。对于各地"绿水青山就是金山银山"探索实践经验的宣传力度还不大，各县（市）各案例点状分散存在，连片示范带动效应还比较有限，恩施经验与模式的知名度还不高。公众参与力量发挥不够。"绿水青山就是金山银山"转化涉及生态产品的生产、分配、消费、运营管理等环节，恩施州在专业人才引进与培养方面具有明显短板，人才要素对企业、技术的支撑还不够。社会公众参与的动员主要停留在宣传与教育等方面，缺少平台通道与激励政策，公众参与的积极性与有效性不足。

3.4.2　面临的机遇

1．党中央高度重视为"绿水青山就是金山银山"建设提供坚定信心

绿水青山就是金山银山理念是习近平生态文明思想的重要内涵，对促进绿色发展具有重要的现实意义。党的十九大报告指出，"建设生态文明是中华民族永续发展的千年大计。必须树立和践行绿水青山就是金山银山的理念，坚持节约资源和保护环境的基本国策，像对待生命一样对待生态环境。"党的十九届五中全会进一步提出要"坚持绿水青山就是金山银山理念"。当前，绿水青山就是金山银山理念已经成为全党全社会的共识和行动自觉。全国命名的六批"绿水青山就是金山银山"实践创新基地已积累了一大批先进、成效显著、可以借鉴推广的转化模式，为恩施州发挥自身资源优势、谋划打造恩施特色转化模式提供了丰富的借鉴与参考。

2．多项利好政策叠加为"绿水青山就是金山银山"建设提供难得良机

恩施州是国家西部大开发、中部地区崛起、长江经济带、武陵山区扶贫计划各项政策的交汇点，在精准扶贫、决胜小康的中央战略部署中获得了诸多政策红利，有农业农村部定点帮扶、东西部扶贫协作、湖北省委"616"对口支援工程①等大批结对帮扶的政策支持。党的十九届五中全会提出，要"支持革命老区、民族地区加快发展。完善转移支付制度，加大对欠发达地区财力支持"，党的二十大报告进一步强调"支持革命老区、民族地区加快发展"，国家对重点生态功能区和民族地区的政策倾斜将进一步加大。湖北省委十一届八次全会明确提出，要构建"一主引领、两翼驱动、全域协同"的区域发展布局，推动"宜荆荆恩"国家森林城市群由点轴式向扇面式发展，支持其打造以绿色经济和战略性新兴产业为特色的高质量发展经济带。2022 年，湖北省第十二次党代会明确提出，支持恩施州推进"绿水青山就是金山银山"实践创新，让恩施州成为全省推进"绿水青山就是金山银山"建设的重要示范区和引领区。

3. 州委、州政府全力推进为"绿水青山就是金山银山"建设提供强大动力

恩施州委、州政府围绕"生态立州"战略，深入践行绿水青山就是金山银山理念，将生态文明建设融入经济社会发展之中，致力于改变"富饶的贫困"，让绿水青山真正成为金山银山。2020 年，恩施州政府工作报告中明确提出，"大力开展'绿水青山就是金山银山'实践创新，力争将恩施州纳入全国'绿水青山就是金山银山'实践创新基地，积极争创国家生态产品价值实现机制试点、自然资源资产所有权委托代理机制试点。"这为恩施州"绿水青山就是金山银山"实践创新基地建设工作奠定了坚实的基础。2022 年，为贯彻落实湖北省第十二次党代会精神，推进"绿水青山就是金山银山"实践创新示范区建设落地见效，恩施州委八届五次全体（扩大）会议审议通过了关于加快推进"绿水青山就是金山银山"实践创新示范区建设的决定，高站位、高标准全域推进"绿水青山就是金山银山"实践创新示范区建设。至此，推进"绿水青山就是金山银山"实践创新示范区建设成为恩施州统筹经济社会发展和生态环境保护、全域推进高质量发展的根本方向与主要工作。

3.5 "绿水青山就是金山银山"建设的总体思路研究

3.5.1 总体思路

恩施州特色资源富集、生态系统价值高，"绿水青山就是金山银山"建设的总体目标就在于将生态环境与资源中蕴含的丰富生态价值转化为经济发展优势，然后通过经济发展水平的提升又反哺生态环境保护，也就是通过建立绿水青山与金山银山之间持续、有效的正反馈，来促进生态环境保护与经济发展之间的良性循环，努力建设"绿水青山

---

① "616"对口支援工程即由 1 位省委、省政府领导牵头，省直 6 个单位参与，负责支持 1 个民族县，每年至少办成 6 件较大实事。

就是金山银山"实践创新示范区。具体来看，主要环节包括 3 个方面：首先，要坚持共抓大保护，不搞大开发，把长江生态保护与修复摆在压倒性位置，在保护好现有自然资源的基础上厚植生态底色；其次，要深挖"土、硒、茶、凉、绿"特色资源优势，大力推进生态产业化和产业生态化，加快发展硒产品精深加工、生物医药、新型建材、清洁能源、数字经济等绿色低碳产业，推进生态产品价值实现，依托产业发展将生态环境优势转化为经济发展优势；最后，要做好转化体制机制创新，通过市场化手段推进所蕴含的丰富生态系统价值显现为市场价值。

为推进"绿水青山就是金山银山"建设，恩施州深入贯彻落实党的二十大和习近平总书记重要讲话精神，以及湖北省委、省政府的决策部署，坚定恩施州对生态文明建设持之以恒的追求和坚定不移的决心，高扬"生态优先，绿色发展"旗帜，让生态绿色成为恩施州永远不变的主题和主基调，坚决践行绿水青山就是金山银山理念，总体围绕建设"绿水青山就是金山银山"实践创新基地的目标，注重生态环境、硒资源、民族风情特色与产业发展的深度融合，彰显特色、突出绿色、提升成色，构建以生态文化旅游、硒食品精深加工、生物医药、清洁能源为主的现代绿色产业体系，深入探索转化机制，激发新动能，撬动绿色发展的乘数效应，努力构建绿色、"硒有"色、民族色"三色融合"①的恩施转化体系，让生态价值源源不断地转化为经济发展效益，实现生态环境保护与经济社会发展协调共进，走出一条绿色发展的富民强州之路。具体要做到以下五个坚持：

一是坚持绿色引领、生态优先。绿色是恩施的底色，生态是恩施的生命。恩施州坚持"生态立州"的发展总纲，始终将生态环境保护放在优先位置，严格遵循国家层面重点生态功能区的发展定位要求，呵护好武陵腹地、恩施群山，守好湖北省生态安全的"西南门"，维护全省及更大范围的生态安全。

二是坚持改革创新、激发动能。绿水青山就是金山银山理念的核心是绿水青山与金山银山的有机统一和相互转化。要坚持改革创新的思维，大力推进制度创新、政策创新、方法创新，积极探索有利于"绿水青山就是金山银山"转化的制度体系建设，盘活自然生态资源，激发生态资源优势向经济发展优势转化的动能，形成恩施州生态"颜值"、产业"绿值"、经济"价值"的正反馈圈。

三是坚持取长补短、特色鲜明。坚持开放思维，深入学习国内外先进城市的经验教训，取长补短、大胆借用、努力化用，在绿色产业体系建设的各个环节中注入"世界硒都""华中药库""巴楚文化"等恩施特色元素，始终保持民族特色风格，探索形成具有少数民族地区特色的"绿水青山就是金山银山"转化恩施模式或恩施经验。

四是坚持各有侧重、协调共进。恩施州各个县（市）的资源环境禀赋各异，发展定

---

① 绿色是指恩施州良好的生态环境本底，"硒有"色是指恩施州丰富的硒资源，民族色是指恩施州深厚的有特色的少数民族文化底蕴。

位与目标各异,全州要坚持差异化的发展思维,统筹推进,立足各县(市)自身优势,差异化培育发展路径,各有侧重,避免同质化竞争造成整体效益不高,最终实现区域的协同共进。

五是坚持社会共建、生态富民。"绿水青山就是金山银山"实践创新基地建设离不开全州人民的积极参与和主动贡献,要坚持地方党委领导、政府主导、企业主体、公众参与的"绿水青山就是金山银山"共建格局。努力营造全州积极参与"绿水青山就是金山银山"建设实践的良好氛围,提高公众对恩施州生态环境保护和"绿水青山就是金山银山"转化模式探索的积极性和参与度,让全州人民共建共享,提高全州人民的获得感和幸福感。

3.5.2　目标定位

恩施州推进"绿水青山就是金山银山"建设的总体目标是,让绿水青山本底更加巩固、金山银山底盘更加壮大、转化制度体系不断完善,聚焦生态文化旅游业、硒食品精深加工业、生物医药产业、清洁能源产业,拓展培育电子信息等绿色新兴产业,形成多条生态产品价值实现路径,使绿色经济发展的内生动力不断增强,形成一批在全省、全国叫得响的恩施转化品牌模式,努力把恩施州建设成为鄂西绿色发展示范区的排头兵、湖北省绿色发展增长极、"绿水青山就是金山银山"实践创新示范区。

3.5.3　主要任务

对照"绿水青山就是金山银山"实践创新基地建设的总体要求和大纲要求,恩施州重点围绕生态空间、环境治理、绿色产业、文化品牌、转化机制、宣传推广 6 个方面,实施六大举措,助力"绿水青山就是金山银山"转化。

一是在生态空间上,重点加强自然生态空间管控,守住自然生态边界,加强恩施森林、湿地、山体及自然保护地的保护修复和监管,夯实绿水青山的"本底值"。二是在环境治理上,聚焦大气、水、土壤、风险防控等重点领域,谋划开展环境治理重点措施,推进全州生态环境质量进一步改善,扮靓绿水青山的"颜值"。三是在绿色产业上,聚焦生态文化旅游业、森林康养业、生态农业、硒食品精深加工产业、生物医药产业、清洁能源产业及绿色新兴产业,提升产业发展品质和能级,推进四大产业集群发展,壮大生态产业的"绿值"。四是在文化品牌上,重点从城市品质提升、农村风貌建设、传统文化发展弘扬及区域公用品牌建设等方面,强化"绿水青山就是金山银山"建设的载体与品牌影响力,提升区域品牌的"价值"。五是在转化机制上,从自然资源产权的确立、生态产品市场交易机制的建立完善、人才科技支撑及生态补偿机制建立等方面,为"绿水青山就是金山银山"转化提供支撑,提升生态产品的"外溢值"。六是在宣传推广上,注重做好建设过程中典型案例的总结、提炼和推广，强化以点带面的示范带动效应，形成"绿水青山就是金山银山"建设恩施模式，提升发展模式的"示范值"。

推进"绿水青山就是金山银山"转化的实质就是围绕转化建机制、想方法、寻路子、探经验，没有可完全照抄照搬的现成模式和套路，每项任务都涉及现行多个部门的职能职责，为顺利推进创建落地做出成效，需要强有力的组织领导，还需要开展大量的统筹协调工作。为保障各项重点任务落实落地，要从统筹工作推进、科技支撑、考核评估等方面构建联席会议制度、调度督办机制、考核评价机制、模式总结机制、智囊支撑机制、宣传推广机制相结合的实施保障机制，引导构建"政府主导、部门协作、社会参与"的共建共享格局。

恩施州的优势在生态、潜力在生态、出路也在生态。湖北省级政策明确支持恩施州开展"绿水青山就是金山银山"探索实践，走"绿水青山就是金山银山"转化之路，是恩施州实现高质量发展的唯一出路，也是最优选择。2022 年 7 月，恩施州委八届五次全体（扩大）会议审议通过了关于加快推进"绿水青山就是金山银山"实践创新示范区建设的决定，为如何建设"绿水青山就是金山银山"实践创新示范区明确了方向和路径，也就是要坚持"生态产业化、产业生态化"的发展路径，抓实"立足大生态、构建大交通、发展大旅游、打造大产业"四大举措，彰显"土、硒、茶、凉、绿"五大优势，扎实推进生态环境保护、绿色产业发展、生态产品价值实现机制方面的"三个示范"和发展数字经济、夯实基础设施、共建美好环境与幸福生活方面的"三个突破"。

第 4 章

生态系统保护与功能提升研究

生态系统给人类提供了各种功能，包括供给功能、调节功能、文化功能及支持功能。生态是恩施州最大的优势。恩施州享有"鄂西林海""华中药库""世界硒都"等美誉，是国家重点生态功能区和长江中上游重要的生态涵养区，具有得天独厚的生态资源禀赋。加大生态系统保护力度，推进"绿水青山就是金山银山"实践，是为人民群众提供更多优质生态产品的重大举措。基于此，本章主要从生态系统状况、重要生态区域保护与分布状况、生态空间管控要求等方面对恩施州的生态系统保护进行归纳与总结，深入研究全州在生态空间管控、生态脆弱性、矿山修复、生态保护多样性及生态系统保护与修复能力建设等方面面临的问题与挑战，提出了加强生态空间保护、自然保护地建设与管理、山水林田湖草系统修复等方面的工作任务，旨在把恩施州的好山好水保护好、治理好，全面提升生态系统的保护成效与功能。

4.1 现状分析

4.1.1 生态系统状况

1. 生态系统分布

恩施州的生态系统以森林、农田生态系统为主。其中，林地占全州总面积的 55.67%，耕地占全州总面积的 12.56%，园地占全州总面积的 1.52%，牧草地占全州总面积的 0.52%。

2. 生态环境状况

生态环境状况评价利用 EI 反映区域生态环境的整体状态，指标体系包括生物丰度指数、植被覆盖指数、水网密度指数、土地胁迫指数、污染负荷指数 5 个分指数和 1 个环境限制指数。5 个分指数分别反映被评价区域内生物的丰贫、植被覆盖的高低、水的丰富程度、遭受的胁迫强度、承载的污染物压力；环境限制指数是约束性指标，它根据区域内出现的严重影响人居生产生活安全的生态破坏和环境污染事项对生态环境状况进行限制和调节①。2015—2020 年，恩施州 EI 值均高于全省平均值，生态环境状况等级为"优"，8 个县（市）中鹤峰县 EI 值最高，2016 年达到 86.26，在全省 103 个县（市）中位列第一（图 4-1）。

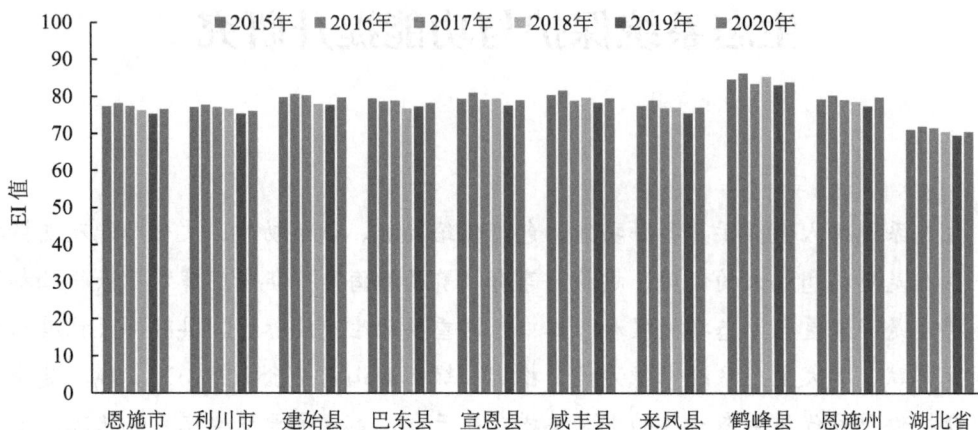

图 4-1　2015—2020 年恩施州及其各县（市）与湖北省的 EI 值

　　生物丰度指数计算结果（图 4-2）显示，2020 年恩施州生物丰度指数为 74.87，远高于湖北省平均值（57.01），在全省排名第三。在恩施州的 8 个县（市）中，鹤峰县的生物丰度指数最高，达到 88.08。2015—2020 年，恩施州及其 8 个县（市）的生物丰度指数无明显变化。

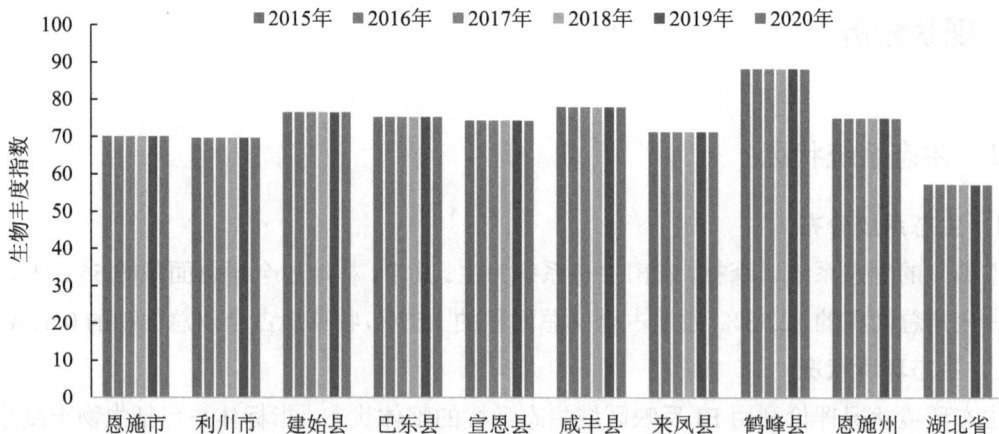

图 4-2　2015—2020 年恩施州及其各县（市）与湖北省的生物丰度指数

---

① 资料来源：《生态环境状况评价技术规范》。

2020 年，恩施州植被覆盖指数为 99.21，远高于湖北省平均值（89.42），在全省排名第三。在恩施州的 8 个县（市）中，鹤峰县生物丰度指数最高，达到 102.07。2015—2020 年，8 个县（市）生物丰度指数轻微下降（图 4-3）。

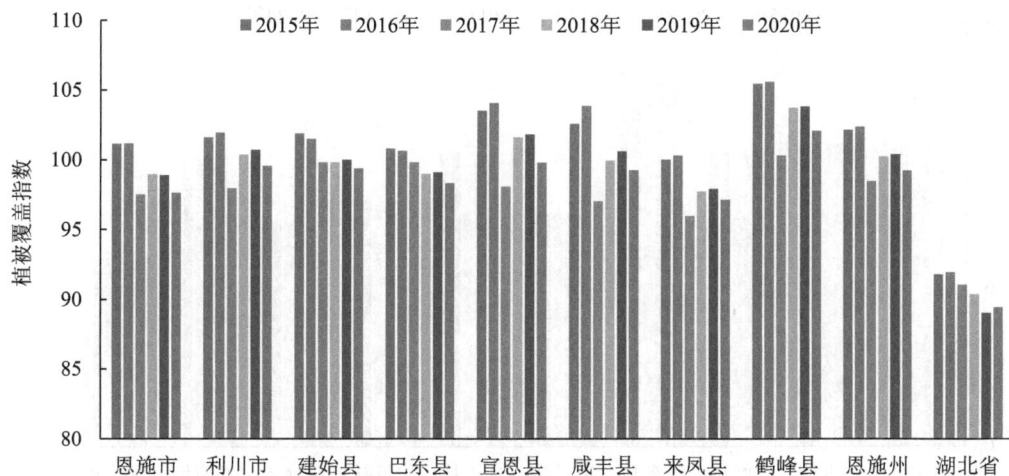

图 4-3 2015—2020 年恩施州及其各县（市）与湖北省的植被覆盖指数

2020 年，恩施州水网密度指数为 30.81，高于湖北省平均值（25.78），在全省排名第七，水域相对较为丰富。2018—2019 年，恩施州水网密度指数低于全省平均值，主要原因是这两年全州平均年降水量较多年平均偏少，其中 2018 年较多年平均偏少 14.2%，2019 年较多年平均偏少 28.7%，属特枯水年份（图 4-4）。

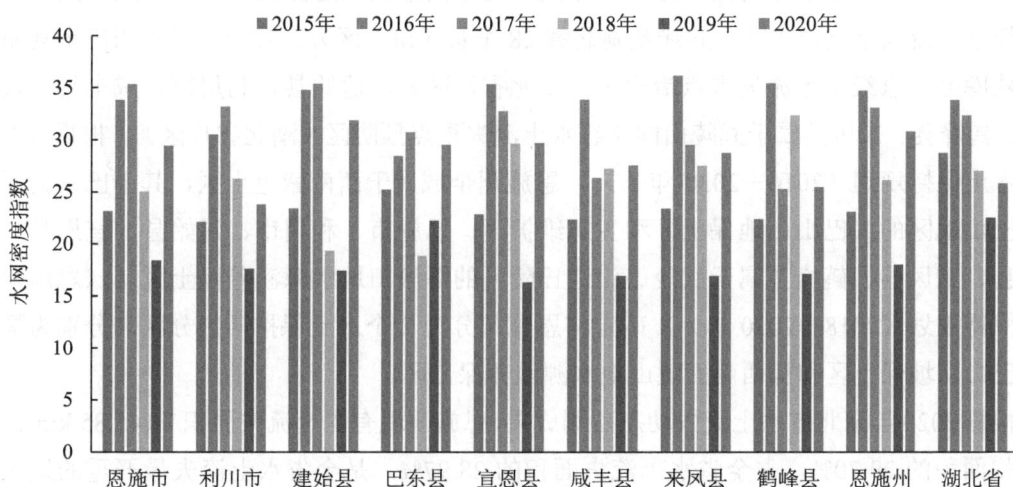

图 4-4 2015—2020 年恩施州及其各县（市）与湖北省的水网密度指数

恩施州 2016—2019 年的土地胁迫指数达到 10 以上，2020 年出现大幅下降，土地胁迫指数降为 5.6，但仍高于湖北省（全省平均值为 4.30，土地质量遭受胁迫的程度较轻），仅次于武汉市，土地胁迫程度较严重（图 4-5）。

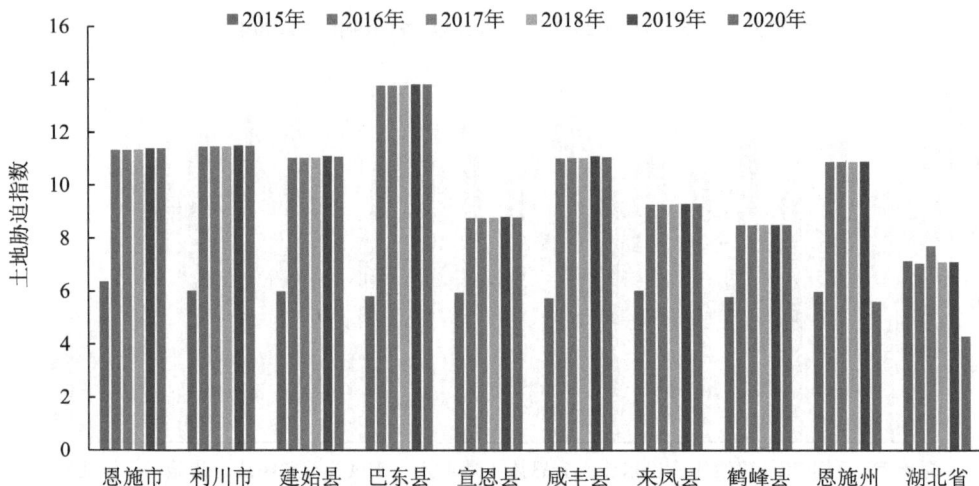

图 4-5　2015—2020 年恩施州及其各县（市）与湖北省的土地胁迫指数

3. 水土保持情况

（1）水土流失状况

根据《全国水土保持规划（2015—2030 年）》（水规计〔2015〕507 号），湖北省涉及的国家级水土流失重点防治区有三峡库区国家级水土流失重点治理区、桐柏山大别山国家级水土流失重点预防区、丹江口库区及上游国家级水土流失重点预防区和武陵山国家级水土流失重点预防区，共涉及湖北省 28 个县（市、区）。其中，恩施州巴东县属于三峡库区国家级水土流失重点治理区（湖北省片区），建始县、利川市、咸丰县、宣恩县、鹤峰县、来凤县属于武陵山国家级水土流失重点预防区（湖北省片区）。根据《湖北省水土保持规划（2016—2030 年）》，恩施州全域属于西南紫色土区，其中巴东县属于秦巴山地区的大巴山山地保土区和生态维护区，恩施市、利川市、建始县、宣恩县、咸丰县、来凤县、鹤峰县属于武陵山山地丘陵区的鄂渝山地水源涵养保土区。《恩施州水土保持规划（2018—2030 年）》确定将恩施州分为 2 个水土保持四级分区，分别为鄂西大巴山南坡保土区和鄂西南武陵山地水源涵养保土区。

根据 2020 年湖北省水土流失动态监测成果，恩施州现有水土流失面积 7 145.85 km²，占全州面积的 29.70%，占全省水土流失面积的 28.97%，是全省水土流失最严重的地区（表 4-1）。恩施州土壤侵蚀类型主要为水力侵蚀，其中轻度、中度、强烈、极强烈、剧烈侵蚀面积分别为 5 422.15 km²、781.18 km²、448.02 km²、411.22 km²、83.28 km²（图 4-6）。

2015—2020 年，恩施州现有水土流失面积整体有所增加。与 2019 年相比，2020 年全州水土流失面积减少了 85.84 km²，水土流失面积占比减少 0.07%。其中，轻度侵蚀面积减少 97.18 km²，中度侵蚀面积减少 1.46 km²，强烈侵蚀面积增加 1.79 km²，极强烈侵蚀面积增加 9.16 km²，剧烈侵蚀面积增加 1.85 km²。与 2015 年相比，2020 年全州水土流失面积占比减少 5.87%。其中，轻度侵蚀面积增加 2 861.33 km²，中度侵蚀面积减少 1 664.89 km²，强烈侵蚀面积减少 465.63 km²，极强烈侵蚀面积减少 27.13 km²，剧烈侵蚀面积减少 17.99 km²。

表 4-1 2015 年、2018—2020 年恩施州、湖北省水土流失情况

水土流失面积/km²	2015 年	2018 年	2019 年	2020 年
恩施州	6 460.16	5 976.81	7 231.69	7 145.85
湖北省	18 542	23 883.99	24 900.67	24 669.45

数据来源：《湖北省水土保持公报》。

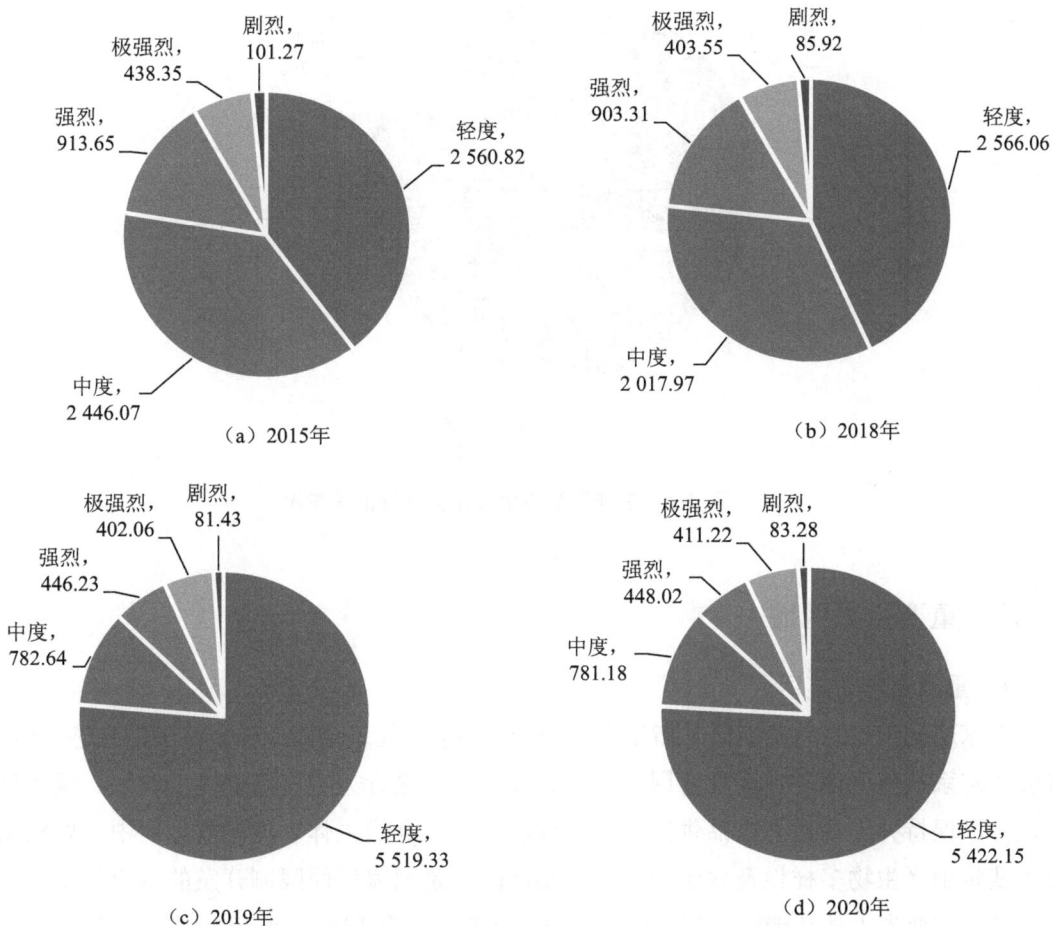

图 4-6 恩施州水土流失变化情况（单位：km²）

（2）水土流失综合治理

水土流失综合治理是指按照水土流失规律、经济社会发展和生态安全的需要，在统一规划的基础上调整土地利用结构，合理配置预防和控制水土流失的工程措施、植物措施和耕作措施，形成完整的水土流失防治体系，实现对流域（或区域）水土资源及其他自然资源的保护、改良与合理利用的活动。2020 年，恩施州实施的水土流失治理重点工程主要有水利部门实施的财政水利发展资金水土保持重点工程、坡耕地水土流失综合治理工程等，发展和改革、自然资源和规划、农业农村、林草等部门实施的石漠化治理、农业综合开发、巩固退耕还林等工程。恩施州全口径新增水土流失治理面积 180.50 km^2，其中新建坡改梯 440.03 hm^2、水土保持林 1 656.56 hm^2、经果林 502.50 hm^2、种草 376.52 hm^2、封禁治理 12 902.54 hm^2、其他措施 2 171.92 hm^2，各自占比如图 4-7 所示。

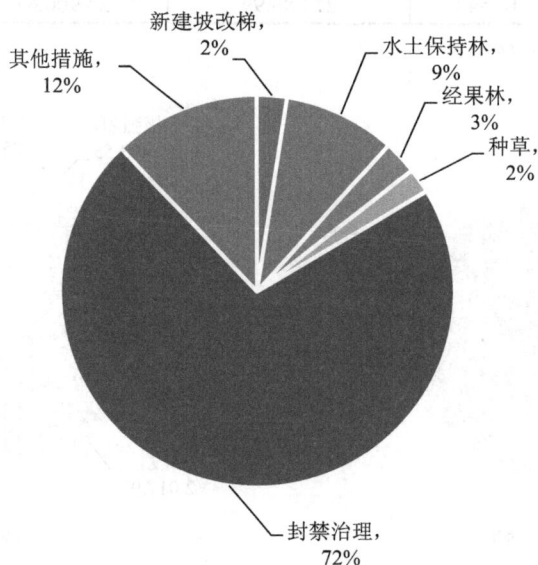

图 4-7　恩施州新增水土流失治理面积情况

4.1.2　重要生态区域

1. 重点生态功能区

国家层面重点生态功能区是指生态系统十分重要，关系全国或较大范围的生态安全，目前生态系统有所退化，需要在国土空间开发中限制进行大规模高强度工业化、城镇化开发，以保持并提高生态产品供给能力的地区。在《全国主体功能区规划》中，恩施州属于武陵山区生物多样性及水土保持生态功能区，是国家层面限制开发的重点生态功能区。在《湖北省主体功能区规划》中，除恩施市属于省级层面重点开发区域，其他 7 个县（市）均属于国家层面重点生态功能区。其中，利川、宣恩、咸丰、鹤峰、来凤、建

始 6 个县（市）属于武陵山区生物多样性与水土保持生态功能区，巴东县属于三峡库区
水土保持生态功能区。各主体功能区功能定位及发展方向见表 4-2。

表 4-2　生态功能区功能定位及发展方向

区域	所属生态功能区	功能定位	发展方向
利川市、宣恩县、咸丰县、鹤峰县、来凤县、建始县	武陵山区生物多样性与水土保持生态功能区	国家重要的生态屏障建设区、全省重要的生物多样性保护区和森林生态保护区	①以生物多样性保护和森林生态保护为主要任务，禁止对野生动植物进行滥捕滥采，保持和恢复野生植物物种，维护种群平衡，实现野生动植物资源的良性循环和永续利用。积极推进天然林保护、退耕还林、生态公益林建设、水土流失治理工程，加大生态保护力度，有效保护生物多样性，促进自然生态恢复。②调整农业结构，发展优势特色农业。稳定粮食生产，推进高质量、高标准的绿色农产品基地建设；开展标准化、规模化生产经营；培养品牌特色产品和龙头企业。③稳步发展地方特色工业。重点发展电力、建材及农副产品加工业等工业。④大力发展服务业。重点发展旅游业，着力培育生态环境优美、民族风情浓郁、文化特色鲜明的生态文化旅游。以铁路、高速公路等基础设施建设为契机，加快建设物流服务网络体系
巴东县	三峡库区水土保持生态功能区	我国最大的水利枢纽工程库区，长江中下游地区重要的防洪库容区，华中、华东、华南等地区重要的电能保障区	①以保护三峡水库水质为重点，开展库区环境保护、生态建设和地质灾害防治工作。将库区环境容量作为硬约束，控制三峡库区人口增长和城镇发展规模。大力推行生态农业，控制农业面源污染。积极开展小流域治理，有效控制水土流失，恢复和保护地表植被。进一步加强崩塌、滑坡、泥石流等地质灾害防治和高切坡整治，加大沿江城市、重要江段崩岸治理力度。②加快农业产业化进程，扶持特色农产品基地建设。利用三峡库区特有的农业资源优势，发展特色农产品生产。③积极发展特色工业。重点发展绿色食品加工、现代中药及生物医药加工、天然气化工、机械制造、林特产品加工等工业。④以生态文化旅游为先导，带动交通运输、餐饮服务、商业贸易等服务业的发展

2．自然保护地

自然保护地是指由政府依法划定或确认，对重要的自然生态系统、自然遗迹、自然景观及其所承载的自然资源、生态功能和文化价值实施长期保护的陆域或海域，包括国家公园、自然保护区及森林公园、地质公园、海洋公园、湿地公园等各类自然公园。自然保护地是生态建设的核心载体、中华民族的宝贵财富、美丽中国的重要象征，在维护国家生态安全中居于首要地位。

2020 年，按照自然资源部、国家林草局的要求，恩施州开展了自然保护地整合优化工作。经整合优化后，全州自然保护地共 35 处，占全州土地面积的 11.46%。其中，自然保护区 6 处（国家级 5 处、省级 1 处）、自然公园 27 处（森林自然公园 21 处、湿地自然公园 2 处、地质自然公园 4 处）、风景名胜区 2 处（表 4-3）。

表 4-3 恩施州自然保护地

序号	类型	名称	属地
1	自然保护区	湖北星斗山国家级自然保护区	恩施市、利川市、咸丰县
2		湖北七姊妹山国家级自然保护区	宣恩县
3		湖北木林子国家级自然保护区	鹤峰县
4		湖北咸丰忠建河大鲵国家级自然保护区	咸丰县
5		湖北巴东金丝猴国家级自然保护区	巴东县
6		湖北恩施咸丰二仙岩湿地省级自然保护区	咸丰县
7	森林自然公园	建始县高岩子森林自然公园	建始县
8		建始县东坪森林自然公园	建始县
9		贡水河猕猴森林自然公园	宣恩县
10		茅坝森林自然公园	鹤峰县
11		罗鼓圈森林自然公园	鹤峰县
12		大洪洞森林自然公园	鹤峰县
13		利川市金子山森林自然公园	利川市
		利川市金子山森林公园—梳篦嵌园区	利川市
14		恩施市百户湾森林自然公园	恩施市
15		恩施市粗齿红山茶森林自然公园	恩施市
16		恩施市富尔山森林自然公园	恩施市
17		恩施市双河森林自然公园	恩施市
18		恩施市梭布垭森林自然公园	恩施市
19		肖家坪森林自然公园	建始县
20		穿洞子森林自然公园	建始县
21		坪坝营国家森林自然公园	咸丰县
22		恩施市凤凰山森林自然公园	恩施市

序号	类型	名称	属地
23	森林自然公园	巴东国家森林自然公园	巴东县
24		铜盆水森林自然公园	恩施市
25		八峰森林自然公园	鹤峰县
26		永灵山森林自然公园	来凤县
27		古架山森林自然公园	来凤县
28		老板沟森林自然公园	来凤县
29	湿地自然公园	宣恩贡水河国家湿地公园	宣恩县
30		利川市白庙白鹭湿地自然公园	利川市
31	地质自然公园	湖北恩施腾龙洞大峡谷国家地质公园	利川市、恩施市
32		来凤百福司地质自然公园	来凤县
33		董家河地质自然公园	鹤峰县
34	风景名胜区	长江三峡国家级风景名胜区	重庆市、秭归县、兴山县、巴东县、夷陵区、点军区、西陵区
35		咸丰县唐崖河省级风景名胜区	咸丰县

4.1.3 生态空间管控要求

1. 生态保护红线

生态保护红线是我国环境保护的重要制度创新。生态保护红线是指在自然生态服务功能、环境质量安全、自然资源利用等方面，需要实行严格保护的空间边界与管理限制，以维护国家和区域生态安全及经济社会可持续发展，保障人民群众健康。"生态保护红线"是继"18 亿亩耕地红线"后，又一条被提到国家层面的"生命线"。2015 年，环境保护部出台《生态保护红线划定技术指南》（环发〔2015〕56 号）。2018 年 7 月，《省人民政府关于发布湖北省生态保护红线的通知》发布，恩施州全力推进生态保护红线划定工作，划定生态保护红线面积约占全州面积的 51.6%。2019—2021 年，恩施州按照国家要求开展了评估调整工作。2022 年 4 月，自然资源部印发了《关于在全国开展"三区三线"划定工作的函》（自然资函〔2022〕47 号），明确了生态保护红线调整规则，恩施州对生态保护红线进行了调整优化。

2. "三线一单"

"三线一单"是指生态保护红线、环境质量底线、资源利用上线和生态环境准入清单，它是推进生态环境保护精细化管理、强化国土空间环境管控、推进绿色高质量发展的一项重要工作。2021 年 7 月，恩施州人民政府印发了《恩施州"三线一单"生态环境分区管控实施方案》，将全州国土空间按优先保护、重点管控、一般管控三大类划分为 85 个环境管控单元，按其功能实行优先保护、重点管控和一般管控（表 4-4）。其中，优先保护单元 25 个，占全州面积的 56.21%，面积占比位列全省第三；重点管控单元 13 个，占全州面积的 9.05%；一般管控单元 47 个，占全州面积的 34.74%。

表 4-4　恩施州环境管控单元情况

县（市）	单元总数	优先保护单元	重点管控单元	一般管控单元
恩施市	14	5 个（生态保护红线、恩施市大龙潭库区饮用水水源地及汇水区、恩施市车坝河水库饮用水水源地及汇水区、恩施市喻家河饮用水水源地及汇水区、板桥镇）	1 个（芭蕉何族乡/舞阳坝街道/六角亭街道）	8 个（龙凤镇、盛家坝乡、白果乡/屯堡乡、崔家坝镇/三岔镇、小渡船街道、红土乡/沙地乡、新塘乡、白杨坪镇/太阳河乡）
利川市	14	3 个（生态保护红线、利川市一水厂饮用水水源地及汇水区、利川市二水厂群凤水库饮用水水源地及汇水区）	2 个（都亭街道、东城街道/元堡乡）	9 个（文斗乡、汪营镇、谋道镇/南坪乡、凉雾乡、沙溪乡/忠路镇、毛坝镇、团堡镇、柏杨坝镇、建南镇）
建始县	10	2 个（生态保护红线、建始县闸木水水库饮用水水源地及汇水区）	1 个（业州镇）	7 个（花坪镇、景阳镇、官店镇、长梁乡、茅田乡/三里乡、高坪镇/红岩寺镇、龙坪乡）
巴东县	12	5 个（生态保护红线、巴东县万福河饮用水水源地及汇水区、信陵镇、东渡口镇、官渡口镇）	2 个（溪丘湾乡/沿渡河镇、野三关镇）	5 个（水布垭镇、金果坪乡、大支坪镇/清太坪镇、茶店子镇、绿葱坡镇）
宣恩县	8	2 个（生态保护红线、宣恩县龙洞库区饮用水水源地及汇水区）	2 个（珠山镇、椒园镇）	4 个（李家河镇、高罗镇/晓关侗族乡、椿木营乡/沙道沟镇、长潭河侗族乡/万寨乡）
咸丰县	11	2 个（生态保护红线、咸丰县野猫河饮用水水源地及汇水区）	2 个（高乐山镇、忠堡镇）	7 个（曲江镇、朝阳寺镇/属朝阳寺镇、清坪镇、坪坝营镇、活龙坪乡/唐崖镇、黄金洞乡/小村乡）
来凤县	8	2 个（生态保护红线、来凤县河坝梁饮用水水源地及汇水区）	2 个（绿水镇、翔凤镇）	4 个（革勒车镇、旧司镇、大河镇、三胡乡、百福司镇/漫水乡）
鹤峰县	8	4 个（生态保护红线、鹤峰县芭蕉河饮用水水源地和红鱼溪水库饮用水水源地及汇水区、铁炉白族乡、五里乡）	1 个（容美镇/太平镇）	3 个（燕子镇、走马镇、邬阳乡/下坪乡/中营镇）

4.2　存在的主要问题

一是生态空间管控区域范围广、管理要求高。恩施州属于鄂西南山区，作为全国、全省的重要生态功能区，全州 8 个县（市）中有 7 个县（市）属于国家层面重点生态功能区，空间管控要求较高。全州生态保护红线和自然保护地划定范围大，分别占总面积的 41.32%、12.1%，优先保护单元面积占总面积的 56.21%，面积占比位列全省第三，生态空间保护压力较大。

二是生态环境整体敏感脆弱。恩施州清江流域位于鄂西南中高山区，山高坡陡、沟壑纵横、坡面狭长是该区的主要地理特征。地面坡度在 25°以上的地区占全州总面积的 52%，石漠化及潜在石漠化严重地区占全州总面积的 65%。恩施州是全省石漠化和水土流失最严重的地区。恩施州年平均降水量 1 600 mm，降水集中在 5—9 月，汛期暴雨频繁，降水量高度集中，且降水强度大。全州生态环境面临严峻挑战，土壤涵养、积蓄水源能力降低，洪枯比加大，易旱易涝，水旱灾害频繁，耕地和可利用土地面积减少，难利用地面积增加，人类的生产、生存和生活空间逐渐减少。严重的水土流失危害导致滑坡、岩崩、塌方、水渗、泥石流等严重威胁人民生命财产安全的灾害事件频繁发生。

三是矿山生态修复压力依然较大。恩施州矿产资源开发历史悠久、开采强度大、采矿点多、分布面广，矿山生态修复面临"旧账"未还、又欠"新账"的问题。具体表现在部分历史遗留、责任人灭失、政策性关闭的矿山欠下的环境"旧账"亟待偿还，新建和生产矿山不能完全做到边开采、边治理，"新账"尚未得到有效控制。同时，矿山生态修复多元化投入机制尚不完善，社会资本投入较少，生态修复资金投入大、项目周期长、资金风险较高，加之缺乏有效的生态产品价值实现途径等激励社会资本投入的政策，矿山生态修复的不确定性较高，社会资本投入积极性不高。

四是生物多样性保护压力较大。全州已建有国家级自然保护区 5 处，自然保护地占总面积的 12.1%，森林覆盖率全省领先，生物资源丰富、物种繁多，被称为"华中药库""华中动植物基因库"。但人口的快速增长、城市化进程的加快、旅游业的快速发展、气候异常现象发生频率显著增加、人为干扰加剧等因素致使全州生物多样性保护面临较大压力。

五是生态系统保护与修复能力建设有待加强。支撑生态保护和修复的调查、监测、评价、预警等能力不足，部门间信息共享机制尚未建立。制度执行能力、执法监管能力等方面的管理效能仍显不足。生态保护和修复基础研究、关键技术等方面比较欠缺。

4.3 重点任务

4.3.1 加强生态空间保护

1. 优化生态安全格局

突出恩施州在湖北省的生态区位优势，以山水相依的自然地形地貌特征为基础，构建以齐岳山、巫山、七姊妹山等重要山脉为主的生态保护屏障，建设包括长江、清江两大水系和忠建河、娄水、野三河、酉水、沿渡河、唐崖河、郁江、马水河等重要河流及其支流的生态廊道；同时，加强武陵山生物多样性与水土保持生态功能区、三峡库区水土保持生态功能区的生态保护与修复，保护区域生态安全。

筑牢生态保护屏障。以保护由齐岳山、巫山、七姊妹山构成的三大生态屏障为目标，不断巩固"绿满荆楚"行动、精准灭荒工程和长江两岸造林绿化行动成果，增强森林生态系统功能，提高森林覆盖率。积极开展水土流失和石漠化综合治理，推进裸露山体生态修复，提高新造林保存率。

建设生态廊道。加快推进长江、清江、忠建河、溇水、野三河、酉水、沿渡河、唐崖河、郁江、马水河等岸线治理和生态综合修复，以及重要河流两侧复绿，建设沿江沿河水资源保护带、生态隔离带。推进天然林保护、退耕还林、生态公益林建设，水土流失治理工程，加强石漠化治理，有效保护生物多样性，构筑生态屏障，促进生态修复。大力转变和优化产业结构，加快第一产业内部调整步伐，构建特色鲜明、优势突出的第二产业，重点是大力发展生态农业、生态工业、生态旅游业等生态产业，实现生态、经济、社会协调发展。

加强生态功能区生态保护与修复。武陵山区生物多样性与水土保持生态功能区要以生物多样性保护、森林生态保护为主要任务，禁止对野生动植物进行滥捕滥采，保持和恢复野生动植物物种，维护种群平衡，实现野生动植物资源的良性循环和永续利用。积极调整农业结构，发展优势特色农业。着力培育生态环境优美、民族风情浓郁、文化特色鲜明的生态文化旅游。以铁路、高速公路等基础设施建设为契机，加快建设物流服务网络体系。

在三峡库区水土保持生态功能区（巴东段）以保护三峡水库水质为重点，加大开展库区环境保护、生态建设力度，积极开展小流域治理，有效控制水土流失，恢复和保护地表植被，进一步加强崩塌、滑坡、泥石流等地质灾害防治和高切坡整治，提升沿江城市、重要江段崩岸治理能力。将库区环境容量作为硬约束，控制三峡库区人口增长和城镇发展规模。大力推行生态农业，控制农业面源污染，扶持特色农产品基地建设。

2. 落实分类分区空间管控

严格落实"三线一单"。贯彻实施"三线一单"生态环境分区管控实施方案，加强对全州优先保护单元、重点管控单元、一般管控单元的分类管控。将生态环境管控单元及准入清单作为区域内产业结构调整、资源开发、城镇建设、重大项目选址、规划环评、生态环境治理与监管的重要依据。推进"三线一单"编制工作成果与各部门相关工作的有机融合，实现编制成果信息化应用和数据共建共享共用。按照国家、省级要求，切实加强组织和技术保障，建立健全"三线一单"成果实施评估、更新调整和监管机制，强化实施成效评估结果应用。

严守生态保护红线。完成生态保护红线勘界定标。将生态保护红线落实到地块，通过自然资源统一确权登记明确用地性质与土地权属，形成生态保护红线"一张图"。开展生态保护红线勘界定标工作，核定生态保护红线边界，在重点地段（部位）、重要拐点等关键控制点设立界桩，在勘界基础上设立统一规范的标识标牌，并将有关信息登记入库，确保生态保护红线精准落地。

健全生态保护红线管控机制。按照"事前严防、事中严管、事后严惩"的全过程严格监管思路，加快建立保障红线优先地位，涵盖监测预警、日常监管、执法处置、评估考核、补偿奖励、追责惩罚的生态红线管控体系。"事前"确立生态保护红线在国土空间的优先地位，强化生态保护红线对空间开发的底线作用；"事中"按照各有关部门职责进行分工，强化执法监督，加强生态保护与修复，实现过程严管；"事后"强化评价考核和责任追究。

建立生态保护红线监测监察机制。发挥地面生态系统、水、土、气、气象、水文水资源等监测站点的生态监测能力，布设生态保护红线监控点位，充分利用卫星遥感观测、航空遥感观测、固定地面台站监测和固定样地样方监测等技术手段，集成行业专题调查统计、公众举报和社会监督等手段，基于物联网数据传输、生态模型模拟和大数据关联分析等关键技术，构建"天—空—地"一体化的生态保护红线监管体系。

健全社会公众参与机制。定期发布生态保护红线生态环境监测信息，促进公众参与监督，实现生态保护红线的常态化监管。准确、全面、及时地公开生态保护红线制度实施的相关内容。大力宣传相关生态环境法律法规。在全社会营造知晓生态保护红线、了解生态保护红线参与保护途径、积极监督生态保护红线制度实施的良好氛围。

加强国土空间用途管控。研究建立以"多规合一"为基础的国土空间基础信息平台、国土空间规划动态监测评估预警和实施监管机制，推动精细化管理和全流程管理。针对生态、农业和城镇三类空间的不同特点，依据国土空间分区管控要求，制定"刚性"与"弹性"相结合的空间准入规则，建立差异化的空间准入规则。

4.3.2　加强自然保护地建设与管理

1．加强自然保护地体系建设

依据《关于建立以国家公园为主体的自然保护地体系的指导意见》，以自然保护区、湿地、地质公园为重点，完善自然保护地体系总体布局和发展规划，做好自然保护地自然资源统一确权登记，研究建立以自然保护区为主体的自然保护地体系。以自然恢复为主，辅以必要的人工措施，分区分类开展受损自然生态系统修复。加强野外保护站点、巡护路网、监测监控、应急救灾、森林草原防火、有害生物防治和疫源疫病防控等保护管理设施建设。推动将湖北巴东金丝猴国家级自然保护区融入神农架国家公园扩区范围，全力推进湖北恩施腾龙洞大峡谷国家地质公园创建世界地质公园。

2. 提升自然保护地监管水平

强化监督检查，持续开展"绿盾"自然保护地监督检查专项行动，及时发现涉及自然保护地的违法违规问题。进一步加强星斗山、七姊妹山、木林子、金丝猴、忠建河大鲵、腾龙洞大峡谷等各类自然保护地监督管理，健全管理机构，提高管理水平。开展常态化监管，坚决遏制新增违法违规问题。推进自然保护地资源监测监管体系建设，构建"天—空—地—人"一体化的生态监测网络，加强监测数据集成分析和综合运用。依托生态环境监管平台和大数据，运用云计算、物联网等信息化手段，加强自然保护地监测数据集成分析和综合应用，全面掌握自然保护地生态系统构成、分布与动态变化，及时评估和预警生态风险。

4.3.3　加强山水林田湖草系统修复

1. 加强森林资源管理与保护

恩施州属于鄂西南武陵山森林生态屏障区，森林覆盖率达到 67.31%，是国家重要生态屏障，森林资源保护的压力较大。全州要以武陵山为屏障，加大对武陵山、齐岳山及巫山的保护力度，促进山区森林生态系统的保护与修复。坚持走科学、生态、节俭的绿化发展之路，以天然林保护、新一轮退耕还林、长江防护林等重点生态工程为依托，扎实推进国土绿化行动。以全民义务植树、森林城市创建、绿色示范乡村创建等活动为抓手，持续大力开展绿化工作。实施山长制，切实加强山体保护。全面推行林长制，加强天然林和生态公益林保护。加强对三峡库区等生态敏感区域的生态保护和建设。加强对森林防火工作的监督管理，广泛开展森林防火宣传，加大森林火灾扑救应急物资储备库等基础设施建设力度，建成比较完善的森林防火组织体系。

2. 规范小水电开发

小水电作为清洁能源，对促进农村经济社会发展发挥了重要作用。在水电开发中，要贯彻"生态优先、适度开发"的原则，推进清江、娄水、郁江水能资源合理开发，严格控制长江、清江干流及主要支流小水电、引水式水电开发，配套建设水电站生态流量泄放设施，保障小水电最小下泄生态流量。积极推广和宣传恩施市大龙潭水电站绿色创建经验，积极推进中小水电绿色转型，建立绿色小水电标准体系和管理制度，初步形成绿色小水电发展的激励政策，创建一批绿色小水电示范电站，有序推进一批资源利用率低、设备老化的电站扩容增效。

3. 加强湿地保护与修复

近年来，恩施州通过持续开展沼泽湿地修复、退耕还湿、湿地资源监测保护、破坏湿地资源问题排查整改等工作,湿地生态系统保护取得了显著成果,湿地保护率超 81%。

继续加强湿地原真性和完整性保护，积极开展恩施州湿地资源与保护现状调查，根据湿地的生态功能及保护价值分类实施保护。建设一批湿地自然保护区、湿地自然保护小区和湿地公园等自然保护地。持续开展沼泽湿地修复、退耕还湿、湿地资源监测保护、破坏湿地资源问题排查整改等工作。重点保护宣恩贡水河国家湿地公园及朝阳寺水库、江坪河水库、洞坪水库、水布垭水库等重要湿地，重点推进忠建河、酉水、溇水河、沿渡河、清江等河流湿地保护工程，加大人工湿地建设和保护力度。

4．持续推进水土流失治理

除恩施市外，恩施州其余 7 个县（市）均属于国家级水土流失重点防治区，水土流失严重。在今后的一段时间内，一方面，要严格控制各类生产建设活动造成新的人为水土流失，强化建设项目监督管理，严格落实水土保持"三同时"制度；另一方面，要加大水流失治理力度，推动以小流域为单元的水土流失综合治理工程，加强对长江、清江流域及三峡库区的水土流失防治工作，建立岸边生态保护带。同时，要做好水土流失动态监测、规范化管理和政策宣传教育等工作。

4.3.4　加强生物多样性保护

1．摸清生物多样性底数

做好生物多样性保护工作，需要通过生物多样性资源调查与评估工作获取全面精准的本底资料，有序更新区域系列物种名录、调查数据，夯实根基，因地制宜地制定应对策略，保障生物多样性保护行动顺利实施。

2．优化生物多样性保护格局

合理确定物种保护空间布局，重点加强珍稀濒危动植物、指示物种保护管理，持续推进各类自然保护地、城市绿地等保护空间的标准化、规范化建设，完善生物多样性迁地保护体系，优化建设各类抢救性迁地保护设施，科学构建迁地保护群落。因地制宜地科学构建促进物种迁徙和基因交流的生态廊道，以东南和中部的武陵山脉、北部的巫山山脉、西部的齐跃山脉为骨干建立陆生生物走廊，在清江、酉水、沿渡河、溇水、唐岩河、郁江、忠建河、马水河、野三河等河流建立水生生物走廊，维护主要物种生境的连通性。

3．加强野生动植物保护

加强珍稀濒危野生动植物保护，做好金丝猴、林麝、大鲵、白鹭、珙桐、红豆杉、水杉等救护繁育，维护珍稀濒危野生动植物及栖息地安全。全面禁止非法猎捕、交易、运输野生动物。持续开展野生动植物资源调查，建立和完善重点保护野生动植物名录，继续推进金丝猴、水杉等珍稀濒危物种拯救保护，建立健全野生动植物救护、驯养繁殖、野生动植物濒危物种保护体系，加强良种资源就地保护基地建设，维护生物多样性的可持续和完整性。加强水生生物保护，落实长江、清江"十年禁渔"，做好长江流域重点水域禁捕退捕工作。开展外来入侵物种普查，重点围绕源头预防、监测预警和灾害治理三个环节，加大加拿大一枝黄花、松材线虫等外来入侵物种防治力度。推进生物遗传资源保护与管理。

第5章
生态环境质量改善研究

　　良好的生态环境是人类文明存在和发展的环境与物质基础。近年来，恩施州高度重视生态环境保护工作，持续打响污染防治攻坚战，全州生态环境质量持续改善，2019—2020年连续两年在市（州）污染防治攻坚战考核中位居全省第一。本章在详细分析恩施州大气、水、土壤、固体废物等环境要素现状的基础上，进一步分析了该州大气和水环境质量保持稳定存在的压力及土壤和农村污染防治工作基础相对薄弱的问题。下一步，恩施州将持续改善环境质量，深入打好污染防治攻坚战，坚持方向不变、力度不减，以科技为支撑，加强$PM_{2.5}$与O_3协同治理，统筹水资源、水环境、水生态治理，着力开展土壤及地下水污染源头预防、风险管控和修复，不断加强农业面源污染治理，持续推进固体废物源头减量和资源化利用，加强核与辐射、化学品环境管理和风险管控。

5.1 现状分析

5.1.1 水环境质量

1. 地表水水质状况

　　2020年，恩施州在全国333个地级及以上城市国家地表水环境质量状况年度综合考核中列第27名，是该州首次也是湖北省唯一进入全国前30名的城市。恩施州水质监测断面数量由2015年的18个增至2020年的31个，地表水环境质量在2015—2020年均保持100%的达标率，水质监测断面全部符合水环境功能区划类别，水环境质量总体良好（表5-1）。2020年，所有监测断面的水质全部符合Ⅰ～Ⅱ类标准要求，较2015年增加了44个百分点。从主要河流国控断面来看，2016—2020年恩施州国控断面总数为8个，均满足考核要求，水质达标率均为100%。从地表水跨县（市）界考核断面水质来看，2016—2020年全州跨界考核断面均满足考核目标，水质均值达标率均为100%，其中江口村断面在2019年水质有所提升，由Ⅱ类提升为Ⅰ类。

表 5-1　2015—2020 年恩施州主要河流监测断面达标率

年份	断面总数量	Ⅰ～Ⅱ类标准		Ⅲ类标准		达标率/%
		数量	占比/%	数量	占比/%	
2015	18	10	56.00	8	44.00	100
2016	17	14	82.40	3	17.60	100
2017	22	20	90.90	2	9.10	100
2018	27	25	92.60	2	7.40	100
2019	28	25	89.3	3	10.70	100
2020	31	31	100	0	0	100

2. 饮用水水质状况

2016—2020 年，恩施州监测网络对恩施、利川、建始、巴东、宣恩、咸丰、来凤、鹤峰 8 个县（市）辖区内集中式饮用水水源地进行监测，全州饮用水水源地监测时段的水质达标率均为 100%。

5.1.2　大气环境质量

1. 优良天数比例

2019 年，州城恩施市成为全省国考城市中首个达到国家二级标准的城市。2020 年，恩施州 8 个县（市）城区平均优良天数达标率为 97.6%，较 2015 年增加了 2.5 个百分点，并优于全省及全国平均水平，全州 8 个县（市）环境空气质量首次全部进入湖北省县域排名前 10 位（表 5-2）。纳入国家考核的恩施市空气质量优良率达到 96.4%，较 2015 年提高了 15 个百分点。2015—2020 年，恩施州累计重污染天数总体呈下降趋势。2020 年，全州共发生重污染天气 2 次，较 2015 年少了 7 次。从全州 8 个县（市）来看，2015—2020 年恩施市优良天数比例呈稳步上升趋势，由 2015 年的 81.4% 上升到 96.4%，上升幅度最大，达到 15%；其次是巴东县和来凤县，上升幅度分别为 4.1%、2.1%；利川、宣恩、咸丰、鹤峰等县（市）无明显变化；建始县有轻微下降。总体来说，恩施州优良天数比例较高，总体呈现上升趋势。

表 5-2　2015—2020 年恩施州、湖北省、全国优良天数比例　　　　单位：%

年份	恩施州	湖北省	全国
2015	95.1	66.6	76.7
2016	88.3	73.4	78.8
2017	91.8	79.1	78
2018	95.3	78.4	79.3
2019	96.4	77.7	82
2020	97.6	88.4	87

2. 主要污染物年平均浓度

2016—2020 年，恩施州二氧化硫（SO_2）、PM_{10}、$PM_{2.5}$ 的年平均浓度逐年下降（表 5-3）。从全州 8 个县（市）来看，各县（市）$PM_{2.5}$、PM_{10} 年均浓度除巴东县在 2019 年有所反弹外，其他县（市）均持续下降。全州二氧化氮（NO_2）年平均浓度较为稳定，但总体情况为先升后降。O_3 年平均浓度在 2017 年较 2016 年有所下降，但在 2018—2019 年不断增加，2020 年有所下降，总体呈下降趋势。

表 5-3　2016—2020 年恩施州空气 6 项污染物平均浓度

年份	SO_2/ ($\mu g/m^3$)	NO_2/ ($\mu g/m^3$)	PM_{10}/ ($\mu g/m^3$)	$PM_{2.5}$/ ($\mu g/m^3$)	CO/ (mg/m^3)	O_3/ ($\mu g/m^3$)
2016	16	14	63	40	1.8	109
2017	12	15	54	36	1.3	101
2018	11	16	48	29	1.5	117
2019	8	15	41	26	1.3	122
2020	9	12	34	23	1.4	102

细分来看，影响环境空气质量的首要污染物发生了转变，由 $PM_{2.5}$ 向 $PM_{2.5}$ 与 O_3 叠加影响转变，"十四五"时期恩施州要更加关注 $PM_{2.5}$ 与 O_3 的协同治理（表 5-4）。2016 年、2017 年，全州 8 个县（市）空气环境质量的首要污染物均为 $PM_{2.5}$；2018 年，巴东县和来凤县首要污染物变为 O_3，鹤峰县、利川市首要污染物变为 $PM_{2.5}$ 和 O_3；2019 年，全州有 5 个县（市）的首要污染物变为 O_3；2020 年，全州 4 个县（市）的首要污染物为 O_3，另外 4 个县（市）的首要污染物为 $PM_{2.5}$。

表 5-4　恩施州 8 个县（市）的首要污染物

县（市）	2016 年	2017 年	2018 年	2019 年	2020 年
咸丰县	$PM_{2.5}$	$PM_{2.5}$	$PM_{2.5}$	O_3	O_3
巴东县	$PM_{2.5}$	$PM_{2.5}$	O_3	$PM_{2.5}$	O_3
建始县	$PM_{2.5}$	$PM_{2.5}$	$PM_{2.5}$	O_3	$PM_{2.5}$
鹤峰县	$PM_{2.5}$	$PM_{2.5}$	$PM_{2.5}$、O_3	O_3	O_3
利川市	$PM_{2.5}$	$PM_{2.5}$	$PM_{2.5}$、O_3	O_3	O_3
宣恩县	$PM_{2.5}$	$PM_{2.5}$	$PM_{2.5}$	O_3	$PM_{2.5}$
恩施市	$PM_{2.5}$	$PM_{2.5}$	$PM_{2.5}$	$PM_{2.5}$	$PM_{2.5}$
来凤县	$PM_{2.5}$	$PM_{2.5}$	O_3	$PM_{2.5}$	$PM_{2.5}$

5.1.3　土壤环境质量

1．土壤环境风险得到基本管控

管理体系和制度建设逐步完善。恩施州制定出台了《恩施州土壤污染防治行动计划
工作方案》《恩施州土壤污染治理与修复规划（2018—2030 年）》《恩施州生态环境局
关于加强污染地块环境监管的通知》《恩施州受污染耕地安全利用工作方案》《恩施州
严格管控类耕地种植结构调整工作方案》等一系列土壤生态环境保护管理文件，全州土
壤环境管理体系和制度持续完善。

防控土壤污染源头。恩施州开展了农用地详查和重点行业企业用地调查。土壤污染
状况详查圆满完成，初步查明了农用地土壤污染的面积、分布及其对农产品的影响。对
重点行业企业用地开展了基础信息采集，基本掌握了全州重点行业企业用地的土壤环境
风险情况。动态更新重点监管单位名录，督促企业落实主体责任。发布并更新了恩施州
土壤污染重点监管单位名录，名录内的单位全部依法申领排污许可证。督促、指导土壤
污染重点监管单位认真履行土壤污染防治责任，开展年度厂区土壤环境质量自行监测，
并将结果向社会公开。对全州涉重金属行业企业进行了梳理，建立了全口径涉重金属行
业企业清单。开展了涉镉重点区域排查，督导历史遗留涉镉企业完成整治。推进重金属
总量减排，制定了重金属减排工程实施进展作战图，完成了重金属减排年度任务。

加大建设用地和农用地分类管理的力度。恩施州加大了建设用地风险管控力度，建
立了全州疑似污染地块名录，并完成了部分地块的场地初步调查，有序推进了沿江化工
企业关改搬转，按期完成了 2 家企业的关闭退出工作任务，并开展了 3 家企业的场地土
壤环境调查，于 2020 年年底完成污染地块安全利用率达到 90%及以上的目标任务。农用
地分类管理有序推进，严格加大优先保护类耕地的保护力度，组织恩施、利川、建始、
巴东、咸丰 5 个产粮（油）大县（市）编制完成土壤环境保护方案。完成耕地土壤环境
质量类别划定工作，形成以乡镇为划分单元并细化到村到户到每个田块的"一图一清单
一报告"技术文件，以及恩施州耕地类别划分成果。

土壤环境监管能力稳步提升。全州土壤生态环境质量监测网络进一步完善，已建成
土壤环境质量监测国控点位 34 个、省控点位 341 个。充分利用全国污染地块土壤环境管
理信息系统实现了全州系统内地块土壤环境动态管理和多部门联动及信息共享。

2．地下水污染防治有序推进

配合开展地下水环境质量监测，对恩施市、利川市 2 个地下水新建点位和建始县、
巴东县、咸丰县、来凤县、鹤峰县 5 个地下水改建点位开展了点位现状核实，分析了水
质状况，配合完成了地下水环境质量监测工作。全面完成加油站地下油罐改造，从源头
降低了地下水污染风险。强化城镇地下水污染源头防控，按期完成 10 座城区污水处理厂

提标升级改造，全州 77 座乡镇生活污水处理项目建成运行。完成来凤县城市生活垃圾填埋场防渗、雨污分流、导气、排水、渗滤液处理系统改造；其他县（市）城市生活垃圾填埋场的日常运行进一步规范，填埋区域雨污分流、垃圾渗滤液处理设施改造升级工程全面完成，垃圾渗滤液全部得到有效处理。完成全州 42 个非正规垃圾堆放点的清理整治和二次销号工作。积极推动地下水污染治理修复，针对恩施龙洞河源头水污染事件多次组织相关部门和专家现场调研，并开展了七里坪岩溶地下水污染及垃圾堆场治理技术评估，同时积极争取地下水治理修复专项资金，保障项目顺利推进。

5.1.4　固体废物污染防治

1．主要工作进展

"十三五"期间，恩施州扎实开展固体废物污染治理工作。全力抓好疫情防控医疗废物处置工作，做到了县（市）城区定点医院、隔离观察点医疗废物 24 h 转运处置，乡镇医院医疗废物 48 h 转运处置，实现了"日产日清"的目标，有力保障了疫情期间全州的生态环境安全，未发生涉生态环境重大舆情。深入推进全州固体废物污染治理专项战役，制定年度重点工作任务清单。开展危险废物专项整治三年行动。在全州范围内开展危险废物经营单位、重点危险废物产生单位现场检查工作。扎实推进清废行动，整改完成生态环境部交办的"清废行动"问题点位。开展危险废物申报登记，积极配合完成全省物联网系统建设和系统运维，严格落实危险废物申报、管理计划备案制度，全面执行电子联单转移，不断深化物联网系统应用。强化危险废物环境管理。积极谋划危险废物（含医疗废物）集中处置设施建设项目，不断推动危险废物利用处置能力科学布局和提标提能，补齐医疗废物和危险废物处置能力、医疗废物收集转运能力短板。完善了危险废物产生单位清单、危险废物经营单位清单，建立了危险废物重点监管单位清单。

2．固体废物产生及利用情况

恩施州的固体废物主要包括一般工业固体废物、生活垃圾、农业固体废物、危险废物等，主要来源于尾矿、煤矸石、废渣、炉渣、污水处理厂、农村秸秆及农膜、通信运营商、医疗机构、机动车维修行业等。2020 年，全州固体废物总产生量为 268.13 万 t，其中进行无害化处理的有 77.36 万 t，无害化处理率为 28.85%；进行综合利用的有 176.20 万 t，综合利用率为 65.71%。

3．危险废物处置情况

恩施州危险废物经营单位情况见表 5-5。其中，医疗废物由恩施州蓝坤医疗废物处置有限公司收集处置。该公司设计处理能力为 11 t/d，年处置能力为 4 000 t，共有 2 条生产线，处置工艺为高温蒸汽灭菌无害化填埋，可完全满足全州 8 个县（市）医疗废物的集中处置要求。全州医疗废物得到了及时、有序、高效、无害化处置，特别是在疫情期间实现了"日产日清"的目标，有力保障了全州的生态环境安全。

表 5-5 恩施州危险废物经营单位情况

序号	企业名称	经营范围	经营规模/（t/a）
1	恩施州蓝坤医疗废物处置有限公司	HW01 医疗废物（831-001-01、831-002-01、831-003-01）	4 000
2	湖北省恩施昊隆环保科技有限公司	HW31 含铅废物（900-052-31 中的废铅蓄电池）	10 000
3	恩施市绿域环保科技有限公司	HW08 废矿物油（900-214-08 中机动车维修产生的废矿物油）	2 000
4	恩施州严吉商贸有限公司	HW08 废矿物油（900-214-08 中机动车维修产生的废矿物油）	980
5	恩施荆华再生资源有限公司	HW08 废矿物油（900-214-08 中机动车维修产生的废矿物油）	2 000
6	来凤县诚信废旧物资回收有限公司	HW08 废矿物油（900-214-08 中机动车维修产生的废矿物油）	1 000
7	恩施市川舟再生资源有限公司	HW31 含铅废物（900-052-31 中的废铅蓄电池）	3 000
8	恩施州旭泰商贸有限公司	HW08 废矿物油（900-214-08 中机动车维修产生的废矿物油）	1 000
9	恩施旺利再生资源有限公司	HW08 废矿物油（900-214-08 中机动车维修产生的废矿物油）	3 000

4．生活垃圾处置情况

恩施州紧紧围绕"户分类、组保洁、村收集、乡镇转运、县（市）处理"模式，积极构建城乡生活垃圾一体化处理的运行管理体系。2020 年，全州 77 个乡镇垃圾中转站已全部建成运行，设计总转运能力为 2 618 t/d，配齐全村（组）保洁人员，农村保洁员人数达到 4 612 人，对生活垃圾进行处理的行政村比例达到 98%。2020 年，全州城乡生活垃圾清运量为 68.38 万 t，均采用卫生填埋工艺，全部实行无害化处理，无害化处理率达到100%（表 5-6）。

表 5-6 恩施州城乡生活垃圾清运情况

县（市）	名称	处理能力/（t/d）	处置方式	渗滤液处理情况
恩施市	生活垃圾填埋场（堰塘湾）	240	卫生填埋	采用"预处理+两级碟管式反渗透（DTRO）"工艺，设计处理能力为 160 t/d
利川市	城区生活垃圾填埋处理场	150	卫生填埋	采用"混凝沉淀+两级碟管式反渗透"工艺处理，设计处理能力为 110 t/d

县（市）	名称	处理能力/ (t/d)	处置方式	渗滤液处理情况
建始县	城市垃圾处理场	107	卫生填埋	采用二级 DTRO 工艺，设计处理能力为 100 t/d
巴东县	新城垃圾填埋场	80	卫生填埋	一期处理能力为 35 t/d，二期在建，设计处理能力为 35 t/d
宣恩县	红岩卡生活垃圾填埋场	50	卫生填埋	采用 DTRO 工艺，处理能力为 60 t/d
咸丰县	城区生活垃圾处理场	100	卫生填埋	采用"吹脱池+厌氧生物接触滤池+氧化沟+氧化塘+折点加氯"组合工艺
来凤县	生活垃圾填埋场	100	卫生填埋	无渗滤液处理设施，渗滤液运输至县城污水处理厂处理
鹤峰县	城市生活垃圾处理场	110	卫生填埋	渗滤液由排气导渗石笼排出后，由鹤峰县渗滤液处理场进行处理

5.2 存在的主要问题

1. 大气和水环境质量保持稳定压力较大

在大气污染防治方面，全州生态环境质量总体良好，进一步改善空间较小，实现重污染天气数为零的目标压力极大，重点时段 O_3 污染和 $PM_{2.5}$ 污染问题依然存在，柴油货车及扬尘污染治理、秸秆垃圾禁烧等重点领域问题突出。在水环境治理方面，部分城乡污水处理管网配套不完善，农村生活污水治理设施建设滞后，规模以下畜禽养殖污染治理和粪污资源化利用存在短板，这些问题都影响了恩施州水环境质量的持续改善。

2. 土壤和农村污染防治工作基础相对薄弱

全州土壤污染防治工作起步较晚，州内土壤污染监测、成因分析的专业机构较少，土壤污染治理与修复项目资金投入大、见效慢，而全州财力有限、投入不足，土壤污染防治任务艰巨。农村环境综合整治项目实施有难度，建设资金少、建设难度大，后期运营维护体制机制不健全，乡镇环保力量欠缺。恩施州受山地地形限制，大量分散居住的农村污水难以集中收集处理。农村垃圾治理尚处于初始阶段，基础设施、垃圾治理监督等主要还是依靠政府，吸引社会资本、社会力量参与建设、管理的机制有待健全。

5.3 重点任务

5.3.1 加强流域综合治理

1．加强流域污染治理

《湖北省流域综合治理和统筹发展规划纲要》明确提出，着力推进以流域综合治理为基础的"四化"同步发展，加快建设全国构建新发展格局先行区。恩施州要严格落实《湖北省流域综合治理和统筹发展规划纲要》要求，按照长江、清江 2 个一级流域和三峡库区、清江片区、沅江澧水片区、乌江片区 4 个二级流域片区的"底图单元"，加强流域综合治理，明确并守牢安全底线，统筹产业结构调整、污染治理、生态保护、应对气候变化，统筹水资源、水环境、水生态治理，推动重要江河湖库生态保护治理。

2．加强饮用水水源保护

饮用水是最大、最重要的民生问题，饮用水安全是生命安全和人类健康的基本保障，关系到每个人的健康和生命安全及社会稳定。一是要加强饮用水水源地规范化建设，持续深入开展集中式饮用水水源专项整治行动，全面排查、清理、整治集中式饮用水水源保护区内的各种污染源和各类非法建设项目；二是要加强农村地区分散式饮用水水源保护，开展农村饮用水水源地环境风险排查整治，优先整治一批乡镇级及以下集中式饮用水水源地存在的突出环境问题；三是要持续开展饮用水安全状况监测和评估，实施从源头到水龙头的全过程控制，加大饮用水安全状况信息公开力度。

3．推进水资源科学高效利用

将节水贯穿经济社会发展全过程和各领域，强化水资源刚性约束，严格执行水资源消耗总量和强度"双控"，严格用水全过程管理，加强对重点监控用水单位的监督管理。围绕"合理分水、管住用水"，强化农业、工业、生活等重点领域节水。推进农业灌溉技术革新，加快灌区续建配套与节水改造工程建设。实施高标准农田建设项目，统筹建设高效节水灌溉设施。推动高耗水行业节水增效，在高耗水行业建成一批节水型企业。全面推进节水型社会建设，形成节水型生产生活方式。坚持把节水、提效、治污、环保、控需作为重要前提，优化水资源配置，以三峡水库为重要节点，优先保障长江干流（巴东段）、清江干流枯水期生态基流。

4．推进水环境污染治理

强化对长江干流（巴东段）、清江及其主要支流沿岸入河排污口整治，建立比较完善的长江入河排污口监管长效机制。加强工业污染治理，深入开展"散乱污"涉水企业综合整治，加快推进并完善工业污水处理厂建设，加大污水管网排查整治力度。统筹好上下游、左右岸、干支流、城市和乡村，系统推进城市黑臭水体治理。加强城镇生活污水治理，加快推进城市污水处理厂配套污水管网建设，加大城市雨污分流改造和老旧污水管网改造力度，鼓励开展城市初期雨水收集处理体系建设。推进污泥集中处理处置设施建设，实现污泥安全处理处置和资源化利用。进一步提高再生水循环利用率。加强船舶水污染物排放监管，对船舶营运产生的含油污水、残油（油泥）、生活污水、化学品洗舱水和船舶垃圾等水污染物在船上依法合规进行分类储存、排放或转移处置。加强重点水域和岸线塑料垃圾清理整治。

5. 全面落实小微水体整治

小微水体是指有汇水、输水、排水、蓄水功能，有一定水面面积，有持续存在状态的小塘、小沟、小渠、小溪等水体，主要包括塘堰、山塘、小沟、边沟、小渠、小水库、小湖泊等。小微水体具有生态涵养价值，与群众的生产生活密切相关，因此也是群众反映强烈的环境问题之一。应加快组织实施小微水体整治，立足不同地区、不同权属、不同类型小微水体实际，坚持问题导向，精准施策。完善落实河湖长制，推进河湖长制体系向小微水体延伸，构建小微水体治理管护长效机制。

5.3.2 加强大气污染治理

1. 加强工业企业大气污染综合治理

聚焦结构调整和企业深度治理，开展工业结构布局调整，长江及清江干流岸线 1 km 范围内不再新建化工及造纸行业项目。强化"散乱污"企业整治，推动实施钢铁等行业超低排放改造，推进各类园区循环化改造。加强涉气产业集群排查及分类治理，推进企业升级改造和区域环境综合整治。开展工业窑炉治理专项治理，根据不同炉窑污染物排放特点明确重点治理行业和治理技术路线。持续推进包装印刷、家具制造、汽车维修等行业挥发性有机物（VOCs）全过程综合整治与管控，实施原辅材料和产品源头替代工程。加强工业企业无组织排放管控。

2. 强化多污染物协同减排

近年来，恩施州大气污染格局发生了深刻变化，$PM_{2.5}$ 与 O_3 成为影响空气质量的主要空气污染物。从来源看，$PM_{2.5}$ 和 O_3 在一定程度上具有同源性，其治理的关键是控制共同前体物——VOCs 和氮氧化物（NO_x）。同时，需要统筹考虑 $PM_{2.5}$ 与 O_3 污染区域传输规律和季节性特征，强化分区、分时、分类差异化和精细化协同管控，推动城市 $PM_{2.5}$ 浓度下降，有效遏制 O_3 浓度增长趋势。重点加大秋冬季 $PM_{2.5}$、夏季 O_3 的防控力度，常态化开展 $PM_{2.5}$ 与 O_3 来源解析与成因分析。

3. 强化面源污染防治

大气面源污染具有产生范围广，排放不连续、不稳定、无组织、季节性强等特点，是大气污染控制的重点和难点。大气面源的污染类型广泛，主要包括扬尘、露天焚烧、露天烧烤等污染问题，重点是要提升大气面源污染精细化管理水平。加强施工扬尘和道路扬尘综合管控，提高道路机械化清扫率，减少扬尘污染。实施扬尘精细化管控，针对道路、施工、堆场、裸地等不同类型的扬尘，从治理技术路线和监控监管机制等方面提出具体任务要求。在露天焚烧方面，加强露天焚烧监管和秸秆综合利用。加强烟花爆竹燃放管理和餐饮油烟污染整治。实施氨气（NH_3）污染治理，提高畜禽粪污利用效率，推广化肥减量增效，推进种养有机结合，加强机动车和工业企业 NH_3 排放监管。

4. 加强区域协同防治

大气联防联控是基于目前大气污染已经超越了单纯的点源局部性污染阶段，呈现快速蔓延性、污染综合性和影响区域性等特点，仅从行政区划的角度考虑单个城市大气污染防治的管理模式已经难以有效解决愈加严重的大气污染问题，从而建立的一套全新的区域大气污染防治管理体系。开展城市之间的区域大气污染联防联控是解决区域大气污染问题的有效手段。恩施州要建立并完善区域大气污染联防联控机制，积极与宜昌市开展区域大气污染联防联控，探索建立跨区域生态环保、应急联动工作机制，明确信息共享和公开、联合预警、联合应急响应等具体措施。大力实施重污染天气应急联动，构建全州大气污染防治的立体网络。推进工业企业错峰生产和运输，继续落实水泥行业错峰生产要求。

5.3.3　加强土壤和地下水污染防控

1. 严格控制土壤污染源

土壤和地下水污染不同于大气污染和地表水污染，其污染物不易察觉，而且短时间难以消除，污染治理周期长、难度大、成本高。土壤中的主要污染源有工业污染源、农业污染源、生活污染源。在农业污染源方面，要推进农药化肥减量增效。在工业污染源方面，要督促、指导土壤重点监管企业持续开展年度厂区土壤环境质量自行监测，并将结果向社会公开；严防矿产资源开发污染土壤，全面整治历史遗留尾矿库。在生活污染源方面，要对生活垃圾和有害废弃物进行回收处理。

2. 加强农用地土壤环境质量分类管控

恩施州属于鄂西南武陵山区，为磷灰石、闪锌矿等含镉丰富的石灰岩地区，要加强农用地分类分区管控。实施耕地红线管理，确保耕地面积不减少、质量不下降。严格管理优先保护类耕地，对优先保护类耕地集中的地区应优先开展高标准农田建设。严格落实《恩施州受污染耕地安全利用工作方案》的要求，大力推广以农艺调控为主要措施的安全利用技术，实现中度、轻度污染耕地安全利用。严格落实《恩施州严格管控类耕地种植结构调整工作方案》，大力开展种植结构调整或退耕还林还草，全面推进重度污染耕地退出超标食用农产品生产。

3．加强建设用地土壤环境质量风险管控

建设用地是促进经济发展的重要载体，对于推进城市更新、发挥城市功能等具有重要作用。要实施建设用地土壤环境质量风险管控，严格建设用地土壤污染风险管控和修复名录内地块的准入管理。以用途变更为住宅、公共管理与公共服务用地的地块为重点，有序推进风险管控。建立全州污染地块名录，适时动态更新。

4．开展土壤污染治理与修复

积极推进安全利用类耕地集中区治理与修复示范工作，逐步形成一批成本低、效果好、易推广的提升耕地环境质量的综合技术，建立本地化的耕地环境质量安全管理机制。加强严格管控类耕地种植结构调整，加大管控力度。根据污染地块名录，逐步推进建设用地土壤污染治理与修复工作。健全风险管控、修复活动地块的后期管理机制。

5．加强地下水污染防治

开展地下水环境状况调查评估。以化学品生产企业、尾矿库、危险废物处置场、垃圾填埋场、工业集聚区、矿山开采区为重点，开展地下水环境状况调查评估。强化化工类工业集聚区、危险废物处置场和生活垃圾填埋场等地下水污染风险管控。开展城镇、农村集中式地下水型饮用水水源保护区划定和优化调整，推进浅层地下水型饮用水重要水源补给区划定，加强地下水型饮用水水源补给区保护。强化地下水环境监管，健全分级分类的地下水环境监测评价体系，推进地表水、地下水和土壤污染协同控制。

5.3.4　加强农业农村面源污染防治

1．推进化肥、农药减量增效

随着经济的快速发展，农药、化肥的过度施用给生态环境造成了污染，同时农药、化肥的浪费率也很高，残留的农药、化肥会增加昆虫、病原体的抗药性及农作物的耐肥性，十分容易污染环境，农药、化肥减量增效已经成为我国农业生产的迫切需求。在化肥减量增效方面，应持续开展有机肥替代化肥、测土配方施肥、畜禽粪肥还田利用工作，推进新型肥料产品应用，推广油菜种肥同播、玉米机械深施等技术。在农药减量增效方面，应推广高效低毒、环境友好型农药，推广适宜山区复杂地势地形作业的植保机械，大力推进绿色防控技术。

2．加强秸秆、农膜废弃物资源化利用

焚烧秸秆是导致 $PM_{2.5}$ 重污染的主要原因，加强秸秆禁烧和秸秆综合利用是严控秸秆污染的主要方向。农膜属于不可分解塑料，如果滞留在土壤中将形成农业"白色污染"。通过开展农膜回收绿色补偿制度，积极推广标准地膜、生物可降解地膜、机械化捡拾回收，更加有利于推进农膜源头减量和回收利用。

3．积极防治畜禽养殖污染

加强畜禽养殖"三区"划定和禁养区关停搬迁是确保减轻畜禽养殖业对环境造成污染的首要条件。畜禽养殖废弃物有效处理和利用已成为农村环境治理的一大难题，因此建设和完善畜禽规模养殖场污染防治配套设备设施，积极推行粪污全量收集还田利用、固体粪便堆肥利用、粪水肥料化利用、畜—沼—菜（果、茶、粮）等模式将有利于促进畜禽废弃物资源化综合利用。

4．推进水产健康养殖示范

水产养殖业在生产过程中容易带来水体污染，要推进水产生态健康养殖，全面取缔江河湖库天然水域网箱围网养殖，推进长江流域重点水域、清江水域、水生生物保护区全面禁捕措施，严厉打击"绝户网""电毒炸"等破坏水生生物资源的捕捞行为。科学划定禁养区、限养区、养殖区，规范水产养殖行为。加强池塘养殖尾水治理升级改造和设施渔业建设，防控水产养殖污染。

5.3.5　开展无废城市建设

无废城市是以创新、协调、绿色、开放、共享的新发展理念为引领，通过推动形成绿色发展方式和生活方式，持续推进固体废物源头减量和资源化利用，最大限度地减少填埋量，将固体废物的环境影响降至最低的城市发展模式，也是一种先进的城市管理理念。

1．加强固体废物污染防治

强化工业固体废物堆存场所环境整治，完善防扬散、防流失、防渗漏等措施。加强固体废物源头减量和资源化利用，从源头减少固体废物的排放量，提高固体废物的综合利用率。持续开展固体废物专项执法行动，进一步推进固体废物申报登记规范化、标准化，强化固体废物规范化管理和环境监管执法，依法严厉打击各类"污染转移"行为，构建完善的固体废物污染防治长效机制。加强白色污染治理，有序禁止、限制部分塑料制品的生产、销售和使用，推广应用替代产品和模式，规范塑料废弃物的回收利用和处置，定期开展塑料污染治理部门联合专项行动。

2．提升危险废物利用处置与环境监管能力

危险废物的不适当处置会相继引发一些危害性严重、后果持续时间长且难以彻底消除的污染事件。从源头上开始对危险废物进行处置和管理、不断研究和提高危险废物的管理和处理技术水平有利于解决和预防危险废物污染的发生。在危险废物管理方面，要健全危险废物产生单位清单和拥有危险废物自行处置利用设施的单位清单，建立危险废物重点监管单位清单；全面实施危险废物转移电子联单，实现对危险废物全过程跟踪管理，强化危险废物经营单位的日常监管；加大对危险废物环境违法行为的查处力度，严

厉打击和遏制危险废物非法转移倾倒处置的违法行为。加强事中、事后环境监管，归集共享各类相关数据，及时发现和防范苗头性风险。在危险废物处置方面，要健全医疗废物和危险废物收集、转运、处置和利用体系，加快补齐危险废物、医疗废物的收集和处置能力短板；推动现有医疗废物处置企业扩能提质，完善医疗废物收集、转运设施。

3. 全面推进生活垃圾分类处置

生活垃圾分类减少了进入焚烧和填埋等最终处置设施的垃圾量，减少了不利于焚烧或填埋处置的物质，提高了垃圾堆肥的效果，有利于生活垃圾处理处置设施的正常运行和污染控制。全面实行垃圾分类是处理垃圾的首要环节，是解决垃圾出路问题的一个重要举措。恩施州要严格落实"两次四分"①分类方法，农村严格落实"两次五分"②分类方法。加强生活垃圾焚烧发电项目建设，提高全州生活垃圾终端处理能力。积极推进餐厨垃圾治理，持续提升餐厨垃圾回收处理能力。

5.3.6 加强生态环境风险防控

1. 加强核与辐射安全监管

核安全与放射性污染防治事关公众健康、事关环境安全、事关社会稳定，核与辐射安全监管工作是生态环境保护的重要领域。完善法规标准体系，积极开展恩施州核与辐射安全立法研究，优化监督机制，加大核与辐射安全执法力度。不断提高专业技术能力，夯实核与辐射安全监管基础支撑。完善辐射环境监测网络，加快监管信息化建设。强化核安全文化引领，推动核与辐射安全监管全民参与。不断推进放射性污染防治，严控安全风险，确保核与辐射安全。

2. 强化化学品污染防控

随着化学品生产和使用量的持续增加，化学品生产、加工、储存、运输、使用、回收和废物处置等多个环节的环境风险日益加大。一要推进化学品环境管理工作，严格实施新化学物质环境管理登记；二要开展化学物质环境风险评估与管控立法研究；三要加强化学物质环境与健康风险评估能力建设；四要落实《禁止洋垃圾入境推进固体废物进口管理制度改革实施方案》，实现全州"零进口"；五要加强危险化学品单位突发环境事件应急防控，实现环境安全管理。

---

① "两次"是指居民先在家中进行第一次分类，再由垃圾分类收集员对居民分类不合格的垃圾在车上进行二次补充分类；城区实行的"四分"是把垃圾分成可回收物、厨余垃圾、其他垃圾和有害垃圾 4 类。

② "两次"是指居民先在家中进行第一次分类，再由垃圾分类收集员对居民分类不合格的垃圾在车上进行二次补充分类；"五分"是指把垃圾分成可回收物、厨余垃圾、其他垃圾、灰土垃圾和有害垃圾 5 类。

3．严防地质灾害

恩施州共有 16 处州级以上重点监测点、4 处重点防范区域，37 个重点防范乡镇等地质灾害隐患点，地质灾害点多面广，尤其是清江干流发生特大地质灾害风险高，是全省地质灾害多发、易发、频发区之一。要开展地质灾害防治基础性调查评价，加强清江干流沿岸地质灾害详细调查；开展地质灾害气象风险预警和趋势预测预警，实施好重大地质灾害专群结合监测预警点建设和地质灾害综合治理项目，并加强项目动态管理，开展地质灾害巡排查、监测预警等工作。做好地质灾害应急工作，加强地质灾害应急救援队伍建设和标杆队伍建设。

第6章

绿色生态产业体系构建研究

恩施州坚定不移贯彻新发展理念，紧盯建设"鄂西绿色发展示范区"目标定位，精准施策、突出特色，大力推进生态产业化、产业生态化，加快建设生态文化旅游、清洁能源、富硒产业、生物医药、新兴产业五大产业集群，不断提升全州经济的含绿量、含新量。新时期，我国进入高质量发展阶段，为恩施州产业发展提供了新的历史机遇和要求。本章从生态优先、绿色发展理念出发，坚持在保护中发展、在发展中保护，吃好"生态饭"，探索"绿水青山就是金山银山"发展的真谛，坚持减污降碳协同增效，全面推进碳达峰，高水平推进碳市场建设；优化产业发展空间布局，提档升级生态文化旅游业，积极发展高效生态农业，大力发展新型低碳工业，着力构建资源节约和环境友好的绿色产业体系；加强能源结构调整、提高废旧物资资源化利用水平，积极推进资源能源高效利用；优化交通运输结构，推进交通污染深度治理，全面推进绿色交通运输建设，从而推动经济社会发展全面绿色转型。

6.1 现状分析

6.1.1 经济发展综合水平

2015—2020 年，恩施州经济总量持续壮大，地区生产总值由 2015 年的 670.81 亿元提高到 2020 年的 1 117.1 亿元，在 2019 年突破千亿元大关。恩施州的经济总量占全省的比重总体呈上升趋势，由 2015 年的 2.27%提高到 2020 年的 2.57%。这一方面说明恩施州经济基础相对薄弱，另一方面说明恩施州经济稳步发展，对全省经济发展的贡献力度在变大。此外，从产业结构来看，恩施州三产结构比由 2015 年的 21.4∶36.4∶42.2 调整为 2020 年的 18.1∶22.6∶59.3，其中第一产业、第二产业占比持续降低，第三产业占比持续上升。第三产业对恩施州经济发展的贡献率越来越大，成为恩施州的支柱产业。

从人民生活水平来看，2015—2020 年，恩施州城镇常住居民人均可支配收入及农村常住居民人均可支配收入均呈上升趋势。其中，城镇常住居民人均可支配收入由 2015 年的 22 198 元提高到 2020 年的 30 903 元，增长了 39.22%；农村常住居民人均可支配收入由 2015 年的 7 969 元提高到 2020 年的 11 887 元，增幅为 49.17%。虽然随着经济的发展，恩施州城乡居民收入在持续增长，但是与全省平均水平还有较大差距。2015 年，恩施州城镇常住居民人均可支配收入、农村常住居民人均可支配收入分别仅为全省平均水平的 82.06%、67.28%，2020 年这两个比例分别调整为 84.26%、72.90%，与全省平均水平的差距有缩小趋势，但仍有较大的提升空间。

6.1.2 绿色产业体系

恩施州依托本地特色资源与环境优势，结合区域发展定位，初步构建了以生态旅游业、清洁能源产业、硒产业、生物医药业及新兴产业为主体的绿色产业体系。

1. 生态旅游业

2021 年，恩施州累计接待游客 6 682 万人次，实现旅游综合收入 422.61 亿元，分别较 2015 年增长了 80.56%、69.46%。2016—2018 年连续 3 年游客满意度位居湖北省第一，荣获国家休闲农业与乡村旅游示范州，成功创建 2 个国家全域旅游示范区、2 个中国优秀旅游城市、4 个湖北旅游强县、7 个湖北旅游名镇，AAAA 级及以上景区达到 22 家（其中 AAAAA 级景区 3 家）。以巴东野三关、利川苏马荡、建始小西湖、建始花硒谷等为代表的"中医药康养+避暑养老"新模式初步形成，恩施"旅游+扶贫"、宣恩全域旅游发展助力脱贫致富模式入选世界旅游联盟减贫案例，全域大旅游格局基本形成。

2. 清洁能源产业

页岩气开发初步实现规模化生产，累计完成页岩气勘探投资约 30 亿元，开展了多批次资源调查评价和勘探开发，完成各类勘探井 32 口，明确了利川区块、咸丰区块、建始及周缘区块 3 个核心有利区。清洁能源总装机容量为 472 万 kW，2021 年累计发电 115 亿 kW·h。现有运行水电站 283 处，总装机容量为 401.70 万 kW；建成光伏集中电站 3 座、分布式电站 835 户，总装机容量为 6.10 万 kW；建成风电站 12 座，总装机容量为 59.71 万 kW。非水可再生能源发电装机占全州清洁能源发电装机的比例由 7.93% 提高到 13.79%，清洁能源结构得到优化。2021 年，全州实现清洁能源综合产值 85.67 亿元。

3. 硒产业

恩施州是全国硒产业发展排头兵，已初步形成特色优势农产品种植及加工、富硒功能产品精深加工全产业链。全州硒产业综合产值由 2015 年的 331.34 亿元增加到 2020 年的 637.17 亿元。全州硒产品精深加工产值由 2018 年的 83.92 亿元增加到 2021 年的 177.87 亿元，实现产值翻番。全州涉硒市场主体达到 3 051 家，从事硒产品精深加工企业 40 余家，涉硒高新技术企业 43 家。成功注册"恩施玉露""利川红""恩施土豆"等

35 件地理标志证明商标，品牌优势逐步凸显。产业配套较为完善，全州"1+8"工业园区都规划建设了硒食品精深加工产业园。建有国家级硒产品检测平台（国家富硒产品质量监督检验中心）、省级硒产业技术与临床应用科研平台（湖北省富硒产业技术研究院、湖北硒与人体健康研究院）、全国首家硒资源交易平台（恩施硒资源国际交易中心）。

4．生物医药业

恩施州加强"药、医、康、养、游"统筹发展，基本形成了中药材种植、现代医药工业、医疗大健康服务、医药商贸流通的产业体系。2021 年，生物医药综合产值达 166.5 亿元，其中中药材种植产值达 30.78 亿元。市场主体逐渐壮大，现有生物医药企业 150 余家，中药材农民专业合作社 700 余家。获得 GMP 认证制药企业 8 家，药品生产批准文号 90 个，保健食品生产文号 7 个。开展了 15 个道地药材品种 GAP 试验示范基地建设，其中利川黄连基地、巴东玄参基地、恩施黄连基地获得国家 GAP 基地认证。

5．新兴产业

恩施州的电子信息、新型建材与新材料等新兴产业加快发展壮大，增速位居全省前列，其中电子信息增速超过 58%，新型建材增速超过 20%。电子信息产业突破性发展，2021 年实现综合产值 40 亿元，现有电子信息及通信企业 70 家，建成一批专业化园区，实现了从无到有的突破性发展。新型建材产业高速增长，2021 年实现工业产值 40.9 亿元，现有规模以上建材企业 59 家（水泥生产企业 5 家、新型墙材企业 12 家、预拌商品混凝土企业 42 家）。

6.1.3　绿色发展水平

恩施州围绕生态空间、生态经济、生态环境、生态文化、生态生活、生态制度六大方面全方位开展生态文明建设，积极创建省级、国家级生态文明建设示范区，经过持续努力，全州绿色发展水平在不断提升。在能耗方面（图 6-1），除 2020 年能耗较 2019 年上升了 0.50%外，2015—2019 年恩施州单位地区生产总值能耗均同比下降，下降率分别为 4.88%、3.38%、4.10%、2.60%、3.20%，能源利用效率总体呈上升趋势，但能耗下降速度总体低于全省平均水平（2015—2019 年全省单位地区生产总值能耗同比下降率分别为 7.66%、5.02%、5.62%、4.40%、3.41%）。从水资源利用来看（图 6-2），恩施州用水效率相对较高，2020 年恩施州单位地区生产总值用水量、万元工业增加值用水量分别为 36 m³、23 m³，均为当年全省最低值，远低于全省平均水平（62 m³、55 m³）。恩施州单位地区生产总值用水量由 2015 年的 82 m³ 下降到 2020 年的 36 m³，降幅约为 56.10%，万元工业增加值用水量由 2015 年的 55 m³ 下降到 2020 年的 23 m³，降幅约为 58.18%，用水效率也呈不断上升趋势。中国碳核算数据库（CEADs）的数据显示，2010—2017 年恩施州碳排放量由 754 万 t 增加到 761 万 t，增幅为 0.93%。在农业绿色发展方面，恩施州化肥施用量由 2015 年的 283 981 t 下降到 2020 年的 230 594 t，降幅约为 18.80%。

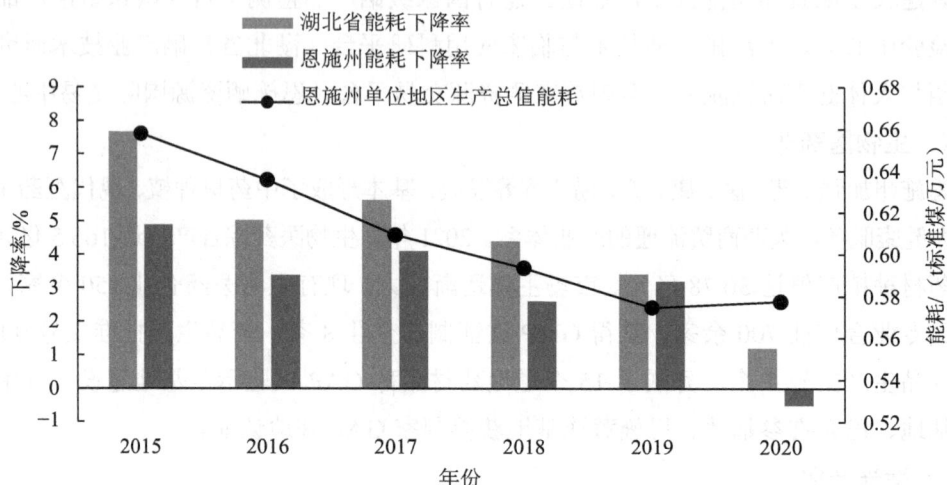

图 6-1　2015—2020 年恩施州和湖北省单位地区生产总值能耗降低情况

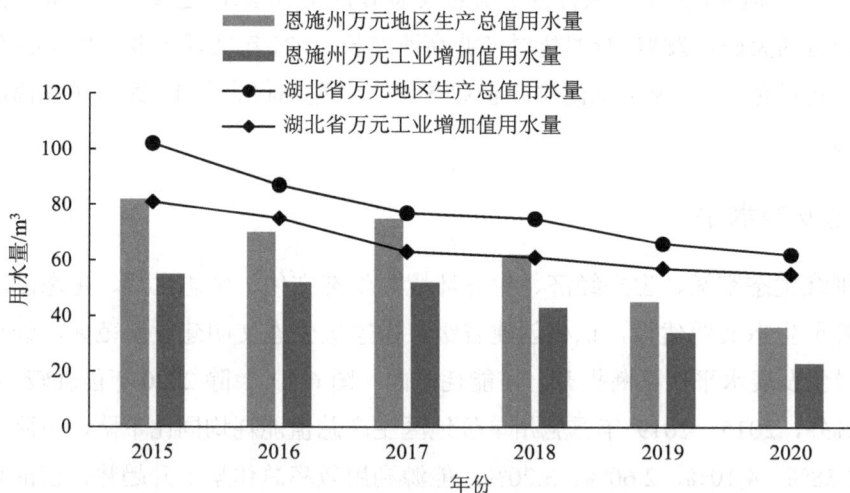

图 6-2　2015—2020 年恩施州和湖北省万元地区生产总值用水量、万元工业增加值用水量

6.2　存在的主要问题

6.2.1　经济基础不强

恩施州属于鄂西南武陵山区，全州 8 个县（市）都曾是国家级贫困县（市），属于

典型的全域贫困区，贫困程度深。2020 年 4 月，恩施州所有县（市）虽实现了脱贫摘帽，但经济发展水平仍然相对滞后，2020 年全州完成地区生产总值 1 117.7 亿元，仅占全省总产值的 2.57%，城镇常住居民人均可支配收入、农村常住居民人均可支配收入分别仅为全省的 84.26%、72.90%，还有较大差距。从州内来看，2020 年，恩施州城镇居民人均可支配收入约为农村常住居民人均可支配收入的 2.6 倍，恩施市实现的地区生产总值约为鹤峰县的 5.5 倍，城乡差距、区域差距较大，统筹城乡协调发展的任务艰巨。

6.2.2 绿色发展水平不高

恩施州影响绿色发展水平的结构性问题突出。一是产业结构不优。2020 年，第一产业占比分别比全国、全省高 10.4 个百分点和 8.6 个百分点，第二产业占比分别比全国、全省低 15.2 个百分点和 16.6 个百分点。同时，工业发展过度依赖精制茶、卷烟等传统产业，先进制造业、电子信息、新材料等高新技术产业发展滞后。二是能源利用效率不高。全州能源消费结构以煤炭为主，2019 年新增能源消费总量为 10.39 万 t 标准煤，单位地区生产总值能耗为 0.50 t 标准煤/万元。三是交通运输结构偏"公"。特别是在货运领域，公路承担了过多的中长距离货物及大宗货物运输，各种运输方式衔接协调不畅。2020 年，全州公路货运量占全州货运总量的比例高达 96.58%。2017 年年底，湖北省统计局发布了全省各市（州）绿色发展指数的评价结果，恩施州排名靠后，主要的限制因子包括环境治理指数、增长质量指数和绿色生活指数。从 2018 年开始，湖北省通过高质量发展指标体系评价各市（州）的发展水平，从考核情况来看，恩施州高质量发展水平在全省的位次也比较靠后。

6.2.3 产业链、供应链配套不够

恩施州尚处在工业化初级阶段，位于产业链、价值链低端，产业体系不够健全，供应链配套对外依赖程度较高，产业链、供应链自主可控力较弱。工业化水平相对较低。2020 年，全州规模以上工业总产值 176.1 亿元，仅占全省的 0.41%；规模以上工业企业 329 家，仅为全省的 2.2%。生物医药、食品、建材等资源型行业普遍存在加工深度不够、产业链短、产业附加值低等问题，资源优势还未完全转化为产业优势、经济优势和竞争优势。产业园区的综合承载能力不强，园区档次亟待提升。产业发展缺少龙头企业引领和品牌带动，国家级农业龙头企业仅 3 家，没有主板上市企业，尚无国家级专精特新"小巨人"企业，省级"小巨人"企业不足 40 家，占全省的比例约为 1%。品牌碎片化现象严重，如茶叶每个县（市）都有自主品牌，但并未形成拳头品牌，尚未实现规模化发展。产学研尚未实现有效对接，如硒产业涉及地质、农业、食品、医药等多个学科，但学科之间交叉融合不够，导致大量科技成果不能有效转化。

6.3 重点任务

6.3.1 积极稳妥推进碳达峰碳中和

1. 实施碳达峰行动

深化碳达峰行动研究，根据湖北省碳达峰实施方案，制定实施恩施州碳达峰行动方案，明确切实可行的碳达峰时间表、路线图、施工图，避免"一刀切"限电限产或运动式"减碳"，确保碳达峰目标如期实现。推动工业、建筑、交通等重点领域和建材、煤炭等重点行业实施碳达峰行动。加快推动产业结构绿色低碳转型，有效控制工业、交通、建筑等领域碳排放量。加强温室气体排放监管，完善州级温室气体清单编制工作机制。加强污水、垃圾等集中处置设施温室气体排放协同控制。积极管控甲烷（CH_4）、氧化亚氮（N_2O）、氢氟碳化物（HFCs）、全氟化碳（PFCs）、六氟化硫（SF_6）等非二氧化碳（CO_2）温室气体排放。积极探索开展低碳试点示范，探索开展近零碳排放试点示范工程建设，打造一批近零碳城镇、园区、社区、校园、商业试点。在产业、能源、交通、建筑、消费、生态等领域探索研究碳捕集、利用与封存（CCUS）技术，开展低碳产品认证，协同推进创新发展和绿色低碳发展。

2. 增加生态系统碳汇

生态系统碳汇是指草原、森林、湖泊、湿地等生态系统从大气中清除 CO_2 的过程、活动或机制。恩施州最大的优势在于生态，森林和湿地是最好的资源，应增强森林、湿地等的固碳作用，提升生态系统碳汇增量。实施林业重点工程，持续推进国土绿化、森林城市与乡村建设、"互联网+全民义务植树"基地建设，合理调整森林结构、提升森林质量，有效保护和提高森林的储碳、固碳等碳汇功能，增加森林碳汇。加强湿地保护修复和退耕还湿，遏制湿地流失和破坏；以国家湿地公园为重点，开展湿地资源调查和动态监测，开发湿地碳汇交易项目，增加湿地碳汇。

3. 推进碳市场建设

根据实际情况，积极、稳妥地探索林业碳汇交易市场建设。推进碳排放权交易，督促纳管企业按时完成碳排放履约工作。充分依托"宜荆荆恩"国家森林城市群创建平台等加强区域合作交流，共同推进林业碳汇项目的开发、利用。进一步提高生态公益林补偿、天然林停伐补助等的生态补偿标准，并争取将林业碳汇发展纳入林业示范项目予以扶持。争取支持符合条件的优质林业项目 CCER 开发、交易和抵消使用。探索构建政府主导、社会参与、市场化运作的林业"碳汇+"交易机制。

6.3.2 推动产业绿色发展

1. 优化产业发展空间布局

基于州域自然地形、城镇基础、特色资源等综合禀赋差异，充分整合内部产业特色和外部战略机遇，培育符合各县（市）的特色产业。

打造建恩宣综合产业发展带。依托州域主要发展轴，立足州城城镇发展基础，联合建始县和宣恩县打造门类较为齐全的"建恩宣"综合产业发展带。重点发展商贸物流、装备制造、信息产业、生物制药、科技研发、新型制造、高附加值农产品交易等产业，推动城区产业高端化，强化宣恩县城及周边高端农特加工和物流服务等职能，打造"建巴""建鹤"特色农产品生产区。

打造利川绿色产业集聚带。围绕利川城区，以谋道、团堡、汪营等乡镇为主要节点，构筑以商贸物流、烟草、药化、药材和农特加工、清洁能源等为特色的利川绿色产业集聚带，抓住国家授予其"绿色能源示范县"的机遇，合理发展风能、生物质能等清洁能源，建设清洁能源示范区；以毛坝镇、文斗乡为主要节点，联合咸丰县邻近乡镇，构筑以高端茶叶、蔬果加工集散、农畜产品生产加工为主的利咸特色农产品生产区。

打造特色资源加工带。以来凤县城为中心，打造面向湖南的以物流商贸、食品加工、民族服饰和工艺品制造为特色的边口贸易加工带，推动龙山来凤经济协作示范区整体提升。以咸丰县城为中心，联动忠堡、丁寨等乡镇，打造以农特加工、建材制造为主的咸丰特色资源加工带。以巴东县城为中心，联动溪丘湾乡、沿渡河镇，打造巴东沿江物流加工带，重点发挥长江水运优势，发展大宗物流和仓储、特色蔬果和粮油加工、通用包装产品等产业。以鹤峰县城为中心，以燕子镇、走马镇为主要支点，构筑以新型材料、生物医药、绿色农特加工、清洁能源为主的鹤峰农特产品加工带。

高质量发展恩施高新区。推动各联动园区间的协同发展，形成"核心区、托管区、联动区"多层次产业布局。其中，核心区是指金子坝片区，重点承载行政办公、公共服务、商业居住等；托管区包括东区产业园和西区产业园，重点建设硒科技园、生物医药园、数字产业园、康养产业园，构建产业集聚区、配套服务区、生态休闲区，打造鄂西总部经济新高地；联动区包括利川园、巴东园、建始园、咸丰园、来凤园、宣恩园、鹤峰园 7 个园区。

2. 提档升级生态文化旅游业

依托自然生态、民族文化、富硒养生、避暑气候等优势资源，紧跟康养、探奇、运动、数字、商务、研学等旅游消费新动向，持续加大资源整合、加强产品开发、加速品牌创建、加快数字转型，构建以康养度假、运动休闲、生态旅游、文化旅游为主体，以商务会展、教育研学、科学考察等为补充的生态旅游康养大产业。

3. 做优生态文化旅游

充分挖掘整合民族文化、红色文化、乡村文化、非遗文化等资源，加强文化创意产品开发，创新艺术表现形式，推动文旅深度融合。丰富旅游产品供给，重点从生态观光、健康养生、休闲运动、文化体验、避暑度假、乡村旅游、城镇旅游 7 个方面开展恩施州旅游产品体系研究。深入发掘大峡谷、腾龙洞、土司城、龙船调等品牌资源，大力创建荆楚文旅名县、名镇、名村等乡村旅游品牌，加强旅游品牌规范化管理以推进品牌建设。实施精品展会工程，加强硒博会、女儿会、恩施避暑季、冬季冰雪节等目的地营销推广，加大旅游品牌宣传力度。加强旅游服务基础设施建设与完善，包括旅游景区主要交通干线的旅游公路建设，游客服务中心、景区停车场、旅游厕所、景区环境保护等基础设施的完善，不断提高旅游餐饮、旅游住宿、旅游购物的质量和水平，满足吃、住、行、游、娱、购六大旅游要素需求，加快推进景区数字化，打造"智慧旅游"。

4. 做强森林康养

大力开发森林康养产品。充分发挥恩施州环境空气质量优势，利用负氧离子含量高的空气资源，积极发展吐纳调息、森林浴、雾浴等养生产品；利用地势高低悬殊、气候垂直差异明显的特点，发展避暑、日光浴等养生产品；利用动物、树木、鲜花、水果等动植物资源，发展森林食疗、花香疗法、精油疗法等养生产品；利用含特殊矿物质，尤其是硒的泉水、河流等，研发、加工和销售森林饮品、保健品，培育一批优质森林康养品牌。推进森林康养基地建设。以"旅游+""+旅游"理念创新业态，统筹药医康养游，打造一批健康小镇、康养综合体、中医药养生示范区。支持巴东野三关、利川苏马荡、恩施白果、鹤峰燕子等乡镇建设旅游康养小镇。加快推进森林康养步道及导引系统基础设施和森林康复中心、森林疗养场所、森林浴、森林氧吧等服务场所建设，完善森林康养基础服务设施，创建一批国家级和省级森林康养基地试点，建设全国优质休闲康养基地。健全森林康养文化体系，深入挖掘中医药健康养生文化、森林文化、花卉文化、膳食文化、民俗文化及乡土文化，以提供森林康养服务的各类企事业机构、学会、协会等为主体，推动森林康养文化宣传，鼓励社会各界参与创作森林康养文学、书法、摄影、音乐、影视等文化产品。强化森林康养文化教育，提高公众对森林康养文化的认识，倡导健康生活理念。

5. 积极发展高效生态农业

在稳定粮食种植面积的基础上，适度扩大特色产业规模，发展中高端特色农业，打造全国知名的生态硒产业基地。做大"烟、茶、畜"产业链，推进马铃薯高质量发展，统筹推进"菜、果、药"产业链发展。同时，加大恩施市芭蕉乡、恩施市屯堡乡花枝山村——恩施玉露、利川市毛坝镇——利川红等全国"一村一品"示范村镇宣传力度，吸取典型经验教训，实现"一乡一业、一村一品"产业布局。壮大硒产业基地规模，实现每个县有 1～2 个主导产业。

加快农业发展方式的绿色转型。在全力抓好粮食生产和重要农产品供给的前提下，围绕资源集约节约、农业绿色低碳化、化学投入品减量、废弃物资源化利用等关键环节和重点领域，提升农业生产的"两品一标"（绿色食品、有机农产品、农产品地理标志）水平，打造绿色低碳农业产业链。促进农业与康养、体育、教育等产业交叉融合，形成"农业+"多业态发展态势。推进规模种植与林牧渔融合，推广稻渔共生、林下种养等模式。

培植绿色农产品品牌。2021 年，农业农村部办公厅印发了《农业生产"三品一标"提升行动实施方案》（农办规〔2021〕1 号）的通知，将农业品牌打造纳入农业绿色发展国家行动总体布局。全力打造绿色农产品品牌，加快推进品牌强农，从需求端倒逼农业绿色发展向全要素保护、全区域修复、全链条供给、全方位支撑转变，实现农业投入品减量化、废弃物资源化、产业模式生态化，催生农业发展新业态、新模式，拓展新领域。未来，恩施州应以提高生态、绿色、有机、富硒、优质农产品的美誉度和市场竞争力为重点，深入实施品牌带动策略，大力推进"两品一标"产品认证。着力打造"世界硒都·中国硒谷——恩施绿色有机农产品"特色产业品牌，努力将"一红一绿"（"利川红"和"恩施玉露"）品牌打造成国家级乃至世界级知名品牌，提升"恩施硒茶""恩施硒土豆"等区域公用品牌价值。

6. 大力发展新型低碳工业

推动硒食品精深加工产业发展。立足硒资源优势，以茶叶、畜禽、果蔬、粮油为重点，全面推进硒农产品种养及加工规模化、标准化、市场化、品牌化发展。以硒功能产品、硒预制食品、硒饮用水等为重点，开发新资源、研发新工艺、生产新产品，拓展硒精深加工产业领域。加大硒科研力度，推进硒产业创新平台创建，加强技术人才培养和培训。完善恩施州硒产业认证体系，全面开展硒产品及有机硒产品认证，规范标识认证管理，建立健全食品质量安全追溯体系。健全产业发展体系，建设高标准硒食品精深加工产业园，加大招商引资力度，积极引进国内食品行业领军企业落户恩施。

加快生物医药产业集群发展。推进生物医药产业高质量发展，实现由资源型"华中药库"向产业型"华中药谷"转变。聚焦黄连、玄参、大黄、党参等优势道地药材，加大科技创新和品牌建设力度。依托中药龙头企业和主要中医医疗机构，创建中药炮制技术传承基地，加速中药饮片生产工艺、流程的标准化和现代化，推进土家族、苗族等民族医药创新发展。推动中医医疗和健康养生融合，积极拓展高端养生市场，提供中医营养饮食、调理保健、健康疗养、季节养生、疾病预防等特色健康服务。依托黄精、藤茶等药食两用植物资源开展保健食品、特膳食品、药妆日化等产品研发，打造医药衍生健康产业链。以生物医药制品、医疗器械及材料等为重点，强化技术创新和产品开发，培育壮大生物制品产业，促进医疗器械产业发展。

推动清洁能源产业发展。立足页岩气、水、风、光等优势资源，强化科技创新支撑，聚力打造页岩气全产业链，积极推进风光水储一体化建设，有序开发生物质能、地热能等新能源，加快形成安全、稳定、经济、高效的清洁能源产业体系。在页岩气方面，抢抓鄂西页岩气勘探开发综合示范区建设机遇，积极打造"科创+勘探+开采+智能装备制造+新材料+综合利用"页岩气全产业链，加快实现页岩气勘探开发规模化、商业化。在水电方面，坚持水电开发与生态环境保护相协调，推进清江、溇水、郁江水能资源合理开发。在风电方面，以西北部、北部齐岳山至巫山风带及中部武陵山系风带等资源优势区为重点，加快集中式风电项目建设，有序推进规模化集中高效开发利用。结合用电负荷需求和接入条件，加快建设以就地消纳为主的分散式风电项目。探索风电旅游、风农互补等新型分散式风电开发模式。在光伏发电方面，支持分布式光伏发电应用，鼓励在经济开发区、工业园区、党政机关办公楼、大型商业区、医院、学校等建筑屋顶及附属场地建设就地消纳的分布式光伏发电项目，推动巴东、鹤峰开展屋顶分布式光伏试点。鼓励居民利用自有建筑屋顶安装户用光伏发电系统。在抽水蓄能方面，统筹投资、设计、建设、运行、设备制造等各环节，做好抽水蓄能产业链协调。加大生物质能、煤层气、地热能的开发力度，促进清洁能源全体系健康发展。

6.3.3　加强资源能源高效利用

1. 加强能源结构调整

严格开展能源消费总量和强度"双控"，制定煤炭消费减量替代工作方案，推进煤炭消费尽快达峰，推动煤炭消费结构进一步优化。大力发展页岩气及合理发展水能、风能、太阳能、生物质能、地热能等清洁能源。严格控制煤炭总量，重点削减非电力用煤，持续推进煤炭清洁高效利用，加强成品油、商品煤质量监管和散煤销售监管。大力推进散煤治理和煤炭消费减量替代，实施清洁能源替代工程。进一步加快农村"煤改气""煤改电"工作，有序推进"气化乡镇"工程，提高天然气通达能力。加强重点行业节能降耗，推进工业、建筑、交通、商业等重点领域和公共机构、数字基础设施等重点用能单位节能，提高能源利用效率。大力开发、推广节能高效技术和产品。

2. 提高废旧物资资源化利用水平

废旧物资回收利用的重要性不仅是处理了"垃圾"，而且是将它们回收改造成宝贵的资源。近年来，全州废旧物资循环利用能力显著增强，但仍面临废旧物资回收网络不健全、再生资源加工利用水平需进一步提升等问题。未来，恩施州要积极探索"互联网+资源回收"模式，实现再生资源回收网络和生活垃圾分类网络"两网融合"，开发利用"城市矿产"。积极推进城市园林垃圾、建筑垃圾、餐厨废弃物资源化利用体系建设。开展再制造和再生利用产品研发，鼓励纺织品、汽车轮胎等废旧物品回收利用，提升锅炉渣等大宗固体废物综合利用能力。加快推进快递包装绿色转型，推进快递包装"绿色革命"。

6.3.4 构建绿色交通运输体系

1. 优化交通运输结构

鼓励发展多式联运，推进综合货运枢纽建设，推动铁水、公铁、公水、空陆等联运发展。推动建筑材料及生活物资等采用新能源和清洁能源汽车等运输方式。推进集中配送、共同配送等集约化配送模式发展。引导网络平台道路货物运输规范发展，有效降低空驶率。构建以快速公交为骨干、常规公交为主体的公共交通出行体系，完善城市慢行交通系统，提升城市步行和非机动车的出行品质，强化"公交+慢行"网络融合发展。开展绿色出行创建行动，提高城市绿色出行比例。

2. 推进交通污染深度治理

发展港口岸电、机场桥电系统，促进交通运输"以电代油"。严格落实船舶大气污染物排放控制区各项要求，降低船舶氮氧化物、硫氧化物、颗粒物等的排放，适时评估排放控制区实施效果。持续推进港口船舶水污染物接收设施有效运行，并确保与城市公共转运处置设施衔接，积极推进船舶污染物电子联单管理，不断提高船舶水污染物联合监管水平。加强对本地生产货车环保达标监管，推进传统汽车清洁化，以公共领域用车为重点推进新能源化，推广零排放重型货车，有序开展中重型货车氢燃料等示范和商业化运营。加强非道路移动机械污染防治，各县（市）城市建成区、港口码头和民航通用机场禁止使用冒黑烟作业机械。

第 7 章

"绿水青山就是金山银山"文化品牌建设研究

良好的文化品牌建设能够实现以文兴城、以文促产、以文惠民，对于提升绿水青山与金山银山之间的转化成效具有重要意义。具体而言，以文兴城，是指文化品牌是推进城市高质量发展的重要软实力和展示城市形象的重要载体与窗口；以文促产，是指地方特色文化元素与产业的深度融合催生新的发展业态，完善绿色低碳产业链，是绿水青山向金山银山转化的重要支撑；以文惠民，是指地方文化品牌由人民保护与传承，由此促进形成的绿水青山向金山银山的转化成果也由人民共享。

7.1 现状分析

7.1.1 城市生态文化建设

参照"生态文化"的概念，"城市生态文化"可以理解为以崇尚自然、保护环境、促进资源永续利用为基本特征，能使城市中的人与自然协调发展、和谐共进，促进可持续发展的文化。城市生态文化培育是生态城市建设的先导[81]，生态城市建设能够加深城市山水的"青绿"底色。因此，城市生态文化建设是地区"绿水青山就是金山银山"转化的重要基石。近年来，恩施州在建设城市生态文化的道路上稳步前行，在打造绿色城市、倡导绿色生活、落实绿色采购、创建森林城市等方面持续发力，先后出台了《关于进一步加强建筑节能管理促进绿色建筑发展的通知》《关于建设彩色森林提升生态价值的意见》等制度文件，推进绿色低碳生态城市建设，使城市生态文化建设取得丰硕成果。

1. 绿色城市建设

在推行绿色建筑方面，2014 年恩施州发布了《恩施州绿色建筑行动工作方案》，对推行绿色建筑做出了具体的工作安排。一方面，注重既有建筑的绿色化改造，提高既有建筑的绿色化水平。2017 年，恩施州住建局印发了《关于进一步加强建筑节能管理促进绿色建筑发展的通知》，要求结合旧城改造和市容整治、城市"双修"（生态修复、城市修补）、建筑改扩建等工程，组织实施既有居住建筑和公共建筑节能改造。另一方面，制定发布了《关于加快绿色建筑发展的通知》，对新建建筑提出要求，明确从 2018 年起所有政府投资的新建民用与公共建筑项目、修建性详细规划或规划条件明确要求的建设项目、社会资本投资的房地产开发项目一律按照一星级以上绿色建筑设计标准进行设计与施工。积极鼓励推广政府和社会投资项目按二星级以上绿色建筑标准进行建设。2021 年，恩施州城镇新增绿色建筑面积占新建建筑面积的比例达 60%，较 2015 年提高了 45 个百分点，3 家建材企业成功申报绿色建材评价标识。

在打造海绵城市方面，全州采取新建或改造城市现有绿地公园的方式推进海绵城市建设，持续开展"拆围透绿、见缝插绿、裸土覆绿"。此外，恩施州还将海绵城市理念融入老旧小区改造、市政建设、公园建设、综合环境整治等项目中，形成了一套系统的整治体系。

在发展绿色交通方面，为推广落实"公交优先"的发展理念，恩施州不断完善城市公交服务网络，同时推动城市公交线网向城市周边乡村延伸。截至 2021 年年底，全州开通城市公交线路 99 条，线路总长 1 605 km，发展镇村公交车 77 辆，公交车通村 83 个，有效拓展了镇村公交辐射网络。全州"十三五"期间新增新能源公交车 509 辆，占比 72%，位居湖北省前列。着眼于打造绿色生态旅游公路，恩施州研究出台了绿色生态旅游公路建设、设计变更管理、"建养一体化"项目建设标准化、公路绿化服务设施建设等系列文件，重点开展了公路绿化美化和路域环境综合治理，已建成国（省）道、旅游公路服务区（停车区）25 个，交通厕所 107 座。

2．绿色生活倡导

在制止餐饮浪费行为方面，恩施州印发《恩施州市场监督管理局关于贯彻落实习近平总书记重要批示精神坚决制止餐饮浪费行为的通知》《州市场监管局关于坚决制止餐饮浪费行为实施方案》《恩施州餐饮行业制止餐饮浪费行动方案》等文件，制定下发告全州广大市民及各餐饮服务单位的倡议书，全面贯彻落实习近平总书记关于"坚决制止餐饮浪费行为，切实培养节约习惯"重要指示精神。加强对餐饮服务单位的培训及对州直管餐饮服务单位的宣传，要求餐饮服务单位提供小份餐、半份餐、自助餐或分餐制，并要求餐饮服务单位在醒目位置张贴摆放反食品浪费标识，提醒消费者适量点餐、按需点餐，剩菜打包，实施"光盘行动"，从源头减少厨余垃圾。同时，要求各餐饮企业主动减少一次性餐饮用品使用量，禁止使用不可降解的一次性塑料餐具，积极推广使用可循环、易回收、可降解的餐具，引导企业依法经营、规范经营、绿色发展。通过环保世纪行、世界环境日、全国节能宣传周、全国低碳日等活动纪念日，积极倡导市民绿色低碳出行。2021 年，恩施州公众绿色出行率达到 54.4%。

在绿色细胞创建方面，恩施州全面推进节约型机关创建工作，2022 年成功创建节约型机关 139 个。积极推进绿色商场创建工作，严格执行禁止、限制部分塑料制品销售和使用及塑料购物袋有偿使用，限制商品过度包装等制度，着力推进包装标准化、减量化、无害化，推广电商件原包装直发以减少二次包装，联合市场监管部门做好集贸市场塑料购物袋源头减量工作。2021 年，制定印发了《恩施州绿色商场创建工作实施方案（2020—2022 年度）》，以建筑面积 10 万 m²（含本数）以上的大型商场为创建主体，鼓励 5 000 m²（含本数）以上的大型零售门店（大型商业综合体、购物中心）、百货商店、超市积极参与。在推进绿色采购方面，制定政府采购目录，严格落实绿色采购政策。2021 年，全州共采购环保产品 59 170 件，占同类产品采购总量的 98.9%，绿色采购比例较 2020 年提升了 0.84 个百分点。

3．森林城市建设

2004 年，全国绿化委员会、国家林业局启动了"国家森林城市"评定程序，制定了国家森林城市评价指标和国家森林城市申报与考核办法，并授予贵阳市全国首个"国家森林城市"称号。自 2004 年起，国家森林城市评价指标经过多次修改调整，目前最新版为 2024 年 9 月由市场监管总局和国家标准委联合发布的版本。最新版评价指标主要分为森林网络、森林健康、生态福利、生态文化、组织管理 5 个维度。其中，森林网络包含林木覆盖率、城区绿化覆盖率、城区树冠覆盖率、城区林荫道路率等指标，森林健康主要衡量生物多样性、树种丰富度、苗木使用、生态养护及森林质量提升水平，生态福利聚焦城区公园绿地服务、生态休闲场所服务、公园免费开放等方面，生态文化主要涉及生态科普教育、体验服务、公众态度等方面，组织管理关注规划实施、示范活动、档案管理等方面。国家林草局印发了《关于着力开展森林城市建设的指导意见》《全国森林城市发展规划（2018—2025 年）》，进一步明确了森林城市建设的总体要求和主要任务；2023 年印发的《国家森林城市管理办法》规定，申报城市应基本达到《国家森林城市评价指标》要求，并按照《国家森林城市建设总体规划编制导则》完成国家森林城市建设总体规划，经省林草主管部门审查后报国家林草局审查，通过国家林草局审查和专家评审后进入国家森林城市入围名单；入围并对标创建满两年的城市，可经省林草主管部门向国家林草局申请"国家森林城市"称号；国家林草局经评审确定拟授予"国家森林城市"称号城市名单并对其进行公示，报请全国绿化委员会审定后授予"国家森林城市"称号。截至 2024 年 1 月，全国共建成国家森林城市 219 个①。

湖北省按照党中央、国务院和省委、省政府统一部署，持续推进森林城市建设，印发了《湖北省森林城市申报命名规则》《湖北省森林城市评价指标》《湖北省森林城市评价量化指标》《湖北省森林城市核查办法》等系列文件，明确了省级森林城市评选标

---

① 数据来源：《光明日报》，https://epaper.gmw.cn/gmrb/html/2024-01/06/nw.D110000gmrb_20240106_5-03.htm。

准。截至 2023 年 2 月，湖北省共有 46 个市（县）获得"湖北省森林城市"称号。

近年来，恩施州充分发挥自身优势，在森林城市创建方面取得显著成效。自 2012 年以来，恩施市、利川市、巴东县、咸丰县、宣恩县、建始县、鹤峰县、来凤县相继成功创建湖北省森林城市，在全省省级森林城市总数中占比 17%。2017 年，恩施市发布《湖北省恩施市国家森林城市建设总体规划》，积极开展国家森林城市创建。2019 年，恩施市成功创建国家森林城市。自 2015 年以来，恩施州累计成功创建湖北省森林城镇 20 个，占全省的 7%；国家森林乡村 60 个，占全省的 33%；湖北省森林乡村 48 个，占全省的 11%；湖北省绿色乡村 538 个，占全省的 10%。全州城市建成区绿化覆盖率达 40.85%，绿地率达 36.85%，人均公园绿地面积达 17 m^2。

7.1.2 乡村文化风貌提升

1. 美丽乡村建设

党的二十大报告指出，"中国式现代化是人与自然和谐共生的现代化。"促进人与自然和谐共生是中国式现代化的本质要求之一，美丽乡村建设则是人与自然和谐的最佳载体。乡村是中国建设的基本单元，也是人与自然连接的最前沿，建设好美丽乡村对于提升乡村文化风貌具有不可替代的作用。

恩施州将美丽乡村建设工作摆在突出位置。早在 2009 年，恩施州就正式启动了美丽乡村建设工作，2014 年进入标准化提升阶段，近年来步入持续稳步推进阶段。在顶层设计方面，2019 年恩施州制定出台了《关于全面学习浙江"千万工程"经验扎实推进美丽乡村建设的决定》《恩施州美丽乡村建设五年推进规划（2019—2023 年）》《恩施州美丽乡村建设 2019 年度实施计划》《恩施州开展村庄清洁行动推进农村人居环境整治方案》等系列文件，完成了美丽乡村建设的相关顶层设计。2021 年，恩施州在政府工作报告中提出，要"强化村庄规划编制管理和风貌引领，加强传统村落集中连片保护，分类推进乡村建设。启动'四县五乡'①高山片区乡村振兴试点规划编制"。同年，建始县官店镇、鹤峰县中营镇、恩施市红土乡、宣恩县椿木营乡总体规划发布。在乡村清洁方面，恩施州深入推进农村"厕所革命"，完成了 11 961 户改厕任务；组织全州 8 个县（市）设立了县域"村庄清洁日"，常态化组织推进以"五清一改"②为重点的村庄清洁行动。利川市、恩施市盛家坝镇、巴东县清太坪镇、咸丰县黄金洞乡、来凤县三胡乡被评选为 2020 年度省级村庄清洁行动先进单位。经过十多年的努力，恩施州美丽乡村建设取得了显著成效。截至 2022 年 8 月，恩施州共有 209 个村成为全省美丽乡村建设试点村，73 个村被确

---

① 四县五乡：四县为恩施市、鹤峰县、宣恩县、建始县，五乡为恩施市红土乡、新塘镇，鹤峰县中营镇，宣恩县椿木营乡，建始县官店镇。

② 五清一改指清垃圾、清搭建、清杂物、清堆物、清张贴、改习惯。

定为全省美丽乡村建设典型示范村。

2. 生态文明示范镇村创建

创建生态文明示范镇、村是一条促进经济、社会、环境协调发展的良性发展道路，也是打造美丽乡村的重要基础。将生态文明建设融入乡村建设的各方面和全过程，有利于实现乡村的永续发展，更是乡村生态文化孕育成长的有力推手。恩施州充分利用自身自然资源丰富、生态环境良好的巨大优势，积极推进生态文明示范镇村建设。在制度制定方面，先后印发了《恩施州国家生态文明建设示范州深化创建工作方案（2021—2023 年）》《恩施州"绿水青山就是金山银山"实践创新基地建设实施方案（2021—2023）》、《恩施州生态省建设年度实施方案》及"绿水青山就是金山银山"实践创新基地建设年度工作计划等文件，生态文明示范镇村创建全面铺开。截至 2022 年年底，恩施州累计建成省级及以上生态乡镇 85 个，创建数量居全省第 4 位；省级及以上生态村 782 个，创建数量居全省首位（图 7-1）。

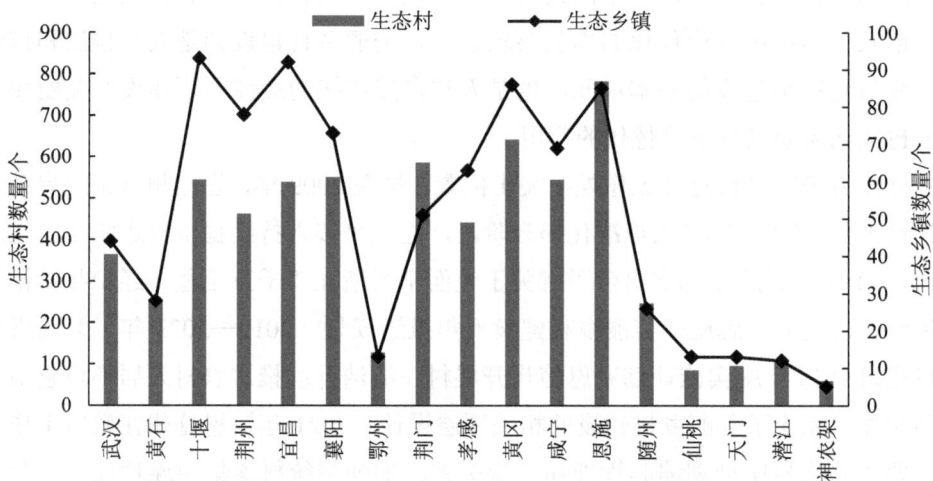

图 7-1 湖北省省级及以上生态乡镇、生态村创建数量

3. 乡村民族文化保护与发展

传统村落的文化风貌主要通过地方建筑特色、人文景观等来展现。在目前已经公布的中国传统村落名录中，恩施州的传统村落数量占湖北省总数的一半以上。在保护中发展、在继承中弘扬，恩施州擦亮了乡村民族文化这张亮丽的名片。一方面，为推进民族建筑技艺代代传承，恩施州聘请湖北土司匠人古建筑有限公司编制《土家族吊脚楼营造技艺》《土家族吊脚楼建筑艺术与文化》两本著作，详细介绍了土家族吊脚楼的历史渊源、建造技术等。另一方面，加大了对少数民族特色村寨的保护力度。开展了民族特色村寨资源普查，建立了信息数据库，为申报国家民族特色村寨奠定了坚实的基础。加大

民族特色村寨水、电、路、通信等基础设施的建设力度,实施"三化"工程①,开展农家清洁家园活动,大力整治村寨环境,90%以上的农户实施了"五改三建"②。已建成的民族特色村寨村容村貌明显改观,通电率、自来水入户率、公路覆盖率、饮用水安全率、广播电视入户率均达到 100%,村村通硬化路、村村通有线宽带和 4G 网络,宽带入户率达到 50%及以上,群众的生产生活条件得到持续改善。为推进民族特色村寨连片打造,恩施市建设了 4 条民族特色村寨廊带,建始县打造了 2 条民族特色村寨廊带。

7.1.3 地方传统文化保护传承

1. 民族文化保护传承

恩施州是一个以土家族、苗族聚居,侗族、白族、蒙古族、回族等少数民族散杂居为主要特征的少数民族地区,各种民族文化在这里交融汇集。多年来,恩施州在民族文化的保护传承方面做出了一系列探索和实践,将多民族文化这颗明珠越擦越亮。

在民族文化继承和发扬方面,恩施州加强对中华民族共同体意识理论实践和历史与现实路径课题的研究,落实"各民族青少年交流计划、各民族互嵌式发展计划、旅游促进各民族交往交流交融计划",打造交往交流交融的旅游线路;恩施州共评选命名了 7 批民间艺术大师,每年给予专项津贴;积极协助做好湖北省第二届少数民族文化政府奖评选,积极推进《中国少数民族文物图谱·湖北卷》编纂,与湖北民族大学图书馆签订《恩施州民族历史文献共享共知共建协议书》。南剧《唐崖土司夫人》经湖北省民宗委和恩施州民宗委推荐、国家民委评选后,被确定为唯一代表湖北省参加 2021 年全国第六届少数民族文艺会演的剧目,并作为湖北省唯一推选剧目参加了中共中央宣传部、文化和旅游部主办的 2022 年新年戏曲晚会。此外,为加强文化研究成果的宣传,在《鄂西民族》杂志开辟"民族古籍"栏目,专门刊登少数民族古籍整理研究成果。

在民族文化传承基地建设方面,制定并印发了《全州民族文化传承基地建设验收标准(试行)》和《关于加强全州民族文化传承基地建设的意见》,指导各县(市)做好民族文化传承基地建设工作。截至 2021 年,累计命名授牌 24 个全州首批民族文化保护传承基地,其中优秀基地 8 个、合格基地 16 个。

在民族团结进步示范区示范单位打造方面,印发了《关于做好 2021 年度全省民族团结进步示范区示范单位推荐申报工作的通知》《国家民委关于命名第八批全国民族团结进步示范区示范单位的决定》《国家民委关于命名第九批全国民族团结进步示范区示范单位的决定》等系列文件,巴东县、恩施市、来凤县被命名为全国民族团结进步示范区

---

① "三化"工程指庭院亮化、环境美化、场坝硬化工程。
② 五改三建:"五改"为改厕所、改厨房、改猪圈、改饮水、改道路,"三建"为建沼气池、建庭院经济林、建文明新家。

示范单位，利川市、建始县、利川市毛坝镇等 25 个单位获全省示范区示范单位命名，数量为全省之最。

专栏 7-1　恩施州全省民族团结进步示范区示范单位名录

湖北省民族宗教事务委员会正式发文命名 2021 年度全省民族团结进步示范区示范单位，恩施州 25 个地区和单位入选，具体包括利川市、建始县、利川市毛坝镇、建始县高坪镇、巴东县大支坪镇、恩施市司法局、宣恩县文化和旅游局、恩施市舞阳坝街道桂花园社区、建始县业州镇草子坝社区、宣恩县珠山镇上湖塘社区、巴东县官渡口镇晴帆园社区、鹤峰县容美镇中坝路社区、咸丰县大路坝区工委蛇盘溪村、来凤县三胡乡黄柏园村、恩施市龙凤镇民族初级中学、利川市第一中学、利川市馨艺幼儿园、咸丰县曲江镇中小学、来凤县民族小学、鹤峰县走马镇民族中心学校、恩施市润邦国际富硒茶业有限公司、湖北龙船调服饰有限公司、国网湖北省电力有限公司建始县供电公司、国网湖北省电力有限公司宣恩县供电公司、湖北正山堂巴东红茶业有限责任公司。

2．红色文化保护传承

恩施州具有光荣的革命传统和丰厚的红色文化资源，是土地革命战争时期中国共产党领导创建的湘鄂西、湘鄂川黔两大革命老区的重要组成部分，在党的十一届六中全会上被认定为全国十二大革命根据地之一。因此，红色文化的保护与传承成为恩施州永恒的主题。

近年来，恩施州开展教育宣传推广，使当地的红色文化资源不断焕发新的活力。2021 年，恩施州发布《恩施州革命文物保护利用三年行动方案（2021—2023 年）》，明确了对全州革命文物保护利用的目标与措施。经申报与认证，恩施县苏维埃政府旧址、中共湘鄂西中央分局十字路会议旧址、忠堡大捷黄连棚指挥所旧址等 7 处革命文物被公布为第八批湖北省文物保护单位，宣恩县、咸丰县、来凤县被纳入长征国家文化公园主体建设范围，8 个县（市）进入湘鄂川黔革命根据地红色旅游发展规划，忠堡战斗展示园建设项目纳入 2022 年中央预算内投资计划。在宣传教育方面，恩施州深入开展了"恩施红色记忆"保护传承行动，充分发挥出革命文物在党史教育、爱国主义教育中的积极作用，州博物馆《红色记忆》展览共接待参观者 12 万人次，来凤县张富清事迹展接待参观者 7 万人次。

3．非遗文化保护传承

多民族杂居的环境使恩施州积淀着丰厚的民间文化艺术，薅草锣鼓、土家族打溜子、土家族摆手舞等各种传统技艺都是恩施州珍贵的非物质文化遗产。为加强非物质文化遗产保护人才培养和基地建设，恩施州出台了《恩施州州级非物质文化遗产代表性传承人认定与管理办法》《恩施州非物质文化遗产传承基地（传习所）认定与管理暂行办法》《恩施州传承人群研培计划》等政策文件。开展了依托女儿城、北夷城、大峡谷等景区的"非遗六进"①，州级非物质文化遗产项目代表性传承人申报，"文化和自然遗产日"非遗宣传展示，恩施州非物质文化遗产保护工作培训班等系列活动。截至 2021 年 6 月，国务院共公布国家级非遗代表性项目名录 1 557 项，恩施州有 16 项入选，具体包括薅草锣鼓（宣恩薅草锣鼓）、土家族打溜子（鹤峰围鼓）、土家族摆手舞、灯戏、傩戏（鹤峰傩戏、恩施傩戏）、江河号子（长江峡江号子）、肉连响、南剧、恩施扬琴、利川灯歌、三棒鼓、土家族吊脚楼营造技艺、龙舞（地龙灯）、土家族撒叶儿嗬、绿茶制作技艺（恩施玉露制作技艺）、制漆技艺（坝漆制作技艺）。

7.1.4 文化品牌培育

1. 农业拳头商标品牌培植

特殊的地理位置与良好的生态环境孕育出独具特色的恩施农产品。恩施农产品不仅体现了恩施州的生态优势，也凝结着恩施文化，是推介恩施旅游和文化的绝佳载体。以农为媒推介恩施，营销恩施旅游、文化，是恩施州农业品牌化的重要内容，也是恩施州农业品牌化的重要目标。

从单一的产品到成规模的系列，恩施州在农业商标品牌培植的道路上开展了卓有成效的探索实践。在区域公用品牌框架构建方面，恩施州成功注册了"恩施硒茶""恩施土豆""恩施黄牛""恩施玉露""利川红"等重点商标，并将"恩施玉露""利川红"地理标志证明商标所有权转让到州茶产业协会，该商品生产地域范围经国家商标局核准已扩大到全州的 6 个县 2 个市 91 个乡镇、街道、开发区（风景区），全州区域公用品牌框架基本形成。此外，还成功打造了"利川大米""恩施黑猪"等区域公用品牌，推进"恩施腊肉""恩施蜂蜜"区域公共品牌创建及相关标准的制定实施，组织州内企业申报"湖北老字号""荆楚优品"等品牌，建始永昌食品厂吴永昌庆记获评"湖北老字号"（第三批），全州现有 5 家"湖北老字号"企业（表 7-1）、9 家"荆楚优品"企业。在省级商标打造方面，恩施州积极推荐黄连、玄参、马蹄大黄、厚朴等道地药材参评"十大楚药"，"利川红""贡水白柚"等 15 个商标入选湖北省优势商标。截至 2021 年，全州经农业农村部认证的绿色有机地理标志农产品企业共 221 家，绿色有机地标农产品及基地认证面积 478.975 9 万亩，认证产品 638 个；国家级、省级绿色食品原料、有机农产品基地和有机（绿色）农业一、二、三产业融合发展园区 19 个，面积 140.763 万亩（表 7-2）。

---

① "非遗六进"指非遗进校园、进机关、进社区、进军营、进乡村、进景区。

表7-1 恩施州获得"湖北老字号"认定名单

序号	单位名称	品牌名称	备注
1	恩施州伍家台富硒贡茶有限责任公司	皇恩宠锡	第一批
2	恩施玉露茶产业协会	恩施玉露	第一批
3	湖北凤头食品有限公司	凤头	第二批
4	建始县云心食品有限责任公司	云心	第二批
5	建始永昌食品厂	吴永昌庆记	第三批

表7-2 绿色有机地标农产品及基地认证面积统计汇总（截至2021年）　　单位：万亩

县（市）	绿色食品	有机食品	恩施土豆农产品地理标志	其他农产品地理标志	全国绿色食品原料基地	全国有机农产品基地	全国有机（绿色）农业一、二三产业融合发展园区	省级绿色食品原料基地	省级有机农产品基地	面积小计
恩施	5.468 9	1.413	36.84	32.25	17	0.428 2	—	—	—	93.400 1
利川	8.059 5	0.695	41.205	25.5	60	0.382 1	0.165	10	0.657 2	146.663 8
建始	1.087 9	0.2	31.83	7.4	—					40.517 9
巴东	5.548	—	21.495	—	3					30.043
宣恩	1.354 6	1.219 1	14.34	10		1.559 2	0.400 5	22.51		51.383 4
咸丰	5.611 9	0.097	22.77	17	5.5	0.127 7				51.106 6
来凤	2.522 9	0.061 9	10.74	—	5.2					18.524 8
鹤峰	4.997 1	0.471 1	13.155	14.88	13.3	0.533				47.336 3
合计	34.650 8	4.157 1	192.375	107.03	104	3.030 3	0.565 5	32.51	0.657 2	478.975 9

对成功创立的商标品牌进行合理的保护与利用是品牌培植过程中的重要一环，也是品牌延续发展的基石。恩施州着力加强对农业拳头商标品牌的保护与利用，近年来陆续出台了《"恩施玉露""利川红"品牌管理办法》《"利川红""恩施玉露"品牌保护专项行动实施方案》《恩施玉露、利川红地理标志证明商标州域公共品牌管理办法》《恩施州实施〈湖北省促进茶产业发展条例〉办法》等政策文件，强化对"恩施玉露""利川红"品牌的保护。"恩施玉露""利川红"地理标志证明商标成功扩大到全州使用，州内有百余家企业申请使用"一红一绿"商标。"恩施玉露"被列为省级重点打造的七大茶叶区域公用品牌之一。"恩施硒茶""伍家台贡茶""利川大黄"荣获第三届湖北地理标志大会暨品牌培育创新大赛金奖。伍家台贡茶完成标准化基地管理面积20万亩。同时，"贡米"等本土珍品也是重点保护对象。截至2021年，"宣恩贡米"核心种植基

地 2.6 万亩，2 家授权企业订单种植面积 9 091 亩。此外，恩施州开展了专项整治行动，印发《2021 年度"利川红""恩施玉露"品牌保护"铁拳"行动实施方案》，严打商标侵权、非法印制、不正当竞争、非法生产、价格欺诈 5 种违法行为。开展"一红一绿"等茶叶品牌保护专项行动，2021 年共立案 74 件，结案 74 件，涉案案值共计 10.8 万元；查扣"三无"通用包装 21 071 个、侵权包装 15 000 余个，下达责令改正通知书 64 份；清理下架"恩施玉露""恩施富硒茶"包装袋（盒）939 个。

2．大恩施旅游品牌打造

文化是旅游的灵魂，旅游是文化的载体。文化使旅游的品质得到提升，旅游使文化得以广泛传播，通过文化和旅游的融合发展，文化更加富有活力，旅游也更加富有魅力。恩施州因其独特的多民族聚集与喀斯特地貌发育特征，拥有着丰富的旅游资源，其自然风光以"雄、奇、秀、幽、险"著称。为打好观光旅游这副"好牌"，推动形成恩施旅游文化品牌，恩施州做出了许多努力。在宣传推广方面，恩施州在百度平台、新浪微博、凤凰新媒体上强化话题营销，通过微信视频号、抖音号发布精美短视频并开展直播，倾力打造恩施旅游网红爆款。同时，在武汉天河机场起飞的 34 架东方航空公司班机和恩施机场、恩施火车站投放了恩施州旅游形象广告，扩大了恩施旅游知名度。在合作推介方面，恩施州在天津、兰州、京津地区（北京、天津）和长三角地区（上海、杭州、南京）举办推介会，与天津、兰州签订了《文化和旅游合作框架协议》，恩施旅游企业与客源地城市多家渠道商达成了意向性引客协议。恩旅集团、腾龙洞景区、梭布垭石林景区及州内多家旅行社共同发力，赴贵阳、重庆、武汉等地举办了形式多样的旅游推介活动。

3．硒品牌建设与推广

恩施州是天然生物硒资源富集的地区，被誉为"世界硒都"。以硒资源为基础打造硒品牌，将硒品牌融入恩施"绿水青山就是金山银山"转化的文化品牌体系中，实现"以硒兴业、以硒富民"，是硒品牌培育的终极目标。近年来，恩施州大力发展富硒茶、烟、菜、药、果、禽、粮、蜂八大主导产业链，加强"1+8"硒产品精深加工产业园建设，并着力打造集加工、展览、研发、检测于一体的全产业链条，培育食品加工、文化旅游、生物医药、清洁能源等特色产业集群，硒品牌建设成效显著。目前，恩施州已初步形成以硒农产品精深加工为基础，以硒保健食品和功能食品开发生产为重点，以原料、研发和检测等为配套的产业体系。全州硒产业综合总产值逐年攀升，从 2016 年的 381.91 亿元增加到 2021 年的 719.48 亿元，年均增速达到 13.5%。在硒品牌宣传推广方面，恩施州以举办、参加展会等方式加强硒产品营销，增强了"恩施硒茶"等区域公共品牌的影响力。先后组织企业参加"全国网上年货节"、春季汽车展销、兰洽会、第六届硒博会、杭州电博会、武汉电博会、武汉食博会等展会活动，州内 100 多家企业在外达成多项采购协议。2021 年，由中国茶叶学会、湖北省农业农村厅、湖北省科学技术协会、恩施州人民政府共同主办的主题为"三茶统筹发展·助力乡村振兴"的 2021 中国茶业科技年会在恩施举办，为"恩施硒茶"及恩施硒品牌的宣传推广提供了一个良好的平台。

7.2　存在的主要问题

虽然恩施州在城市生态文化建设、乡村文化风貌提升、地方传统文化保护传承与区域文化品牌培育等方面取得了较为显著的成效，但仍存在地方特色文化挖掘与利用不足、文化品牌影响力不够等问题，文化价值挖掘有待进一步深化。

7.2.1　地方特色文化挖掘与利用不足

恩施州具有得天独厚的自然资源，目前主要通过硒食品精深加工、清洁能源、生物医药、先进制造新型建材等清洁化、低污染的绿色工业推动全州绿色产业发展，但是与恩施州生态价值相比，生态产业化的规模远远不够。生态产品与其他地区同质化程度高，如"恩施硒茶""恩施硒土豆"之类名声响亮的特色品牌不多。目前，全州对于如何量化绿水青山、溢价金山银山仍处于探索阶段。

7.2.2　文化品牌影响力不够

恩施州缺乏具有影响力的龙头领军企业、品牌企业。生态经济发展缺龙头引领的短板明显，品牌产品的塑造能力不强，部分生态产品仅在当地及周边地区"小有名气"。全州龙头企业数量偏少且实力不强，目前恩施州特色品牌以"恩施土豆""恩施硒茶"为主，区域公用品牌距离全国知名品牌还有差距，品牌价值和影响力、竞争力不强，产品附加值也相对较低。

7.3　重点任务

坚持问题导向，考虑从彰显"绿水青山就是金山银山"建设城市底色、打造"绿水青山就是金山银山"建设乡村风貌、提升特色生态品牌影响力和加大绿水青山就是金山银山理念宣传力度 4 个方面持续深化恩施州"绿水青山就是金山银山"转化的文化积淀，更好地促进绿水青山与金山银山的双向转化。

7.3.1 彰显"绿水青山就是金山银山"建设城市底色

1. 建设绿色城市

提高绿色建筑比例。深入落实绿色建筑行动工作方案,以市场化的方式推进绿色建筑工作,充分发挥市场机制和经济杠杆的作用,运用财税政策和产业政策促进绿色建筑的快速发展。在政府投资建筑、保障性住房及大型公共建筑中率先执行绿色建筑标准。充分考虑各地经济技术发展水平、资源禀赋、气候条件、建筑特点,合理制定绿色建筑发展规划和技术路线,以省内相关研究机构和大专院校为依托,实施有针对性的技术措施,建立发展绿色建筑可推广、可复制、成本可承担的技术保障体系。

完善绿色交通体系。打造城市交通骨架,加强公众出行服务能力,推进城乡交通一体对接,加快州级公共交通向宣恩、建始等周边县发展延伸。围绕"一主三副多点"①的综合客运枢纽布局,实现县城均建有规范的二级及以上客运站,具备条件的建制镇(乡)都建有五级及以上客运站或综合运输服务站,具备条件的建制村、撤并村建有候车亭或招呼站。完善公共交通体系,提高公共交通分担率。建立以公交系统为骨干、出租车及轨道交通为补充、慢行交通为延伸的互联互通的城市一体化绿色公共交通体系,实现城乡公交一体化;健全静态交通设施,降低城市交通拥堵率。加强先进技术应用,夯实生态交通建设支撑。加大城市公交运力结构调整力度,新能源车要成为车辆更新的主要方向。

普及绿色生活方式。积极倡导节约简朴、保护自然的绿色生活理念,提倡家庭节水、节能、节气,推广使用家庭节能、节水器具,将节能、节水器具普及率提高到70%以上。广泛宣传"绿色出行",开展"无车日""每周少开一天车"等活动。树立绿色行政理念,倡导绿色行政方式。加快推进电子政务建设,推广网络化办公、无纸化办公和电视电话会议。节约利用办公资源和水、电能源,合理使用室内空调和电梯,废旧办公设备统一登记、备案,由资产管理部门集中回收,实行废旧办公设备资源化、无害化处理。

2. 建设森林城市

城市主要出入通道绿化。加快全州8个县(市)高速公路、火车站连接线、国(省)道城市主要进出口、码头等的绿化工作,按照打造林荫路的标准,高标准、大投入建设一批城市"绿色纽带",实现城市大增绿。鼓励城郊农民退耕还林和"四旁"(路旁、沟旁、渠旁、宅旁)植树,打造"绿色村庄""绿色院落";推动县(市)建成区机关单位、厂矿企业、学校医院及办公区、居住区的绿化美化,创建"绿色小区""绿色家居"。加快城市公园新建和原有公园绿地的提档改造工程,提升城市公园品质,打造精

---

① 一主三副多点:以恩施综合运输枢纽为中心,以利川、巴东、来凤运输枢纽为副中心,以建始、宣恩、咸丰和鹤峰运输枢纽为支点,以乡镇综合运输服务站为节点。

品绿地，建设城市公园游园体系。

推进实施郊野公园、湿地公园建设，对城市周边风景区实行整治建设与提档升级。对清江（城区）两岸及县（市）城区有河流的两岸周边的森林实施封山育林，对宜林荒山实行全程绿化。加快林荫道路建设。以高标准、高起点加强城市道路绿化隔离带、道路分车带和行道树的绿化建设，科学合理地增加绿化覆盖面积中乔灌木种植比重，建设一批集生态和园林于一体的艺术感强、美观亮丽的城市景观大道。

3. 建设无废城市

建立生活垃圾无害化处理体系。加快推广垃圾分类，制定引导和奖励性政策，提高城乡居民参与固体废物分类的积极性。开展生活垃圾分类试点。新建居住区应配套建设相应的垃圾分类收集设施，老旧居住区应逐步增加垃圾分类收集设施。推进餐厨垃圾无害化处理和资源化利用，完善餐厨垃圾收运体系。生活垃圾填埋场、焚烧处理厂必须全部安装污染物排放自动监控、超标报警系统，实施运营全程实时监控。

加强处理设施运营监管。垃圾收集、运输机械化，清运车辆全部密封，按清运线路到达处理场地，确保点（垃圾收集站）、线（城市道路）、面（城市）整洁卫生。建立垃圾产生源数据库，并通过网站让公众使用和查阅相关信息。建立完善的垃圾处理运营管理台账，定期向行业主管部门和环保部门报告运营及监测情况。

综合处理工业固体废物。建设一般工业固体废物综合处置场（Ⅱ类场），严格按环保要求处置一般工业固体废物。在开发区已建和待建项目中推广清洁生产和循环经济理念，从源头减少固体废物的排放量，提高固体废物的综合利用率，做到工业废物减量化、无害化和资源化。进一步促进废物在企业内部的循环使用和综合利用。

开展无废城市试点建设。编制无废城市建设试点实施方案，明确试点目标，确定任务清单和分工，做好年度任务分解，明确每项任务的目标成果、进度安排、保障措施。

4. 建设海绵城市

把海绵城市建设指标纳入规划条件和项目审查环节，在新编城市规划中全面落实海绵城市建设指标。推进恩施州海绵城市实施方案编制，出台海绵城市建设指标体系，加快海绵城市建设。加快试点区海绵城市项目建设。盯紧试点区开工项目，主动协调，积极服务，强化过程巡查指导。推进县（市）海绵城市建设。各县（市）完成海绵城市专项规划编制、评审、批复，建立管控制度，城市新区、新建项目全部落实海绵城市建设要求，旧城区结合旧城改造、积水点改造实施海绵城市改造。

7.3.2 打造"绿水青山就是金山银山"建设乡村风貌

1. 推进美丽乡村建设

开展美丽村庄示范村建设。深入推动"厕所革命"，继续推进农村卫生厕所改造工作，结合农村污水管网及分户式污水处理设施建设实施一批水冲式厕所改造项目。鼓励农户选用现代化的灶具、炊具、取暖用具，削减散煤使用量，推广使用洁净煤。增强村庄森林覆盖率，有效改善农村生态环境。以美丽村庄建设为契机，推动群众探索致富新途径，积极发展农村第三产业，引进民宿、农家乐、农事体验等新兴农村产业，将农村环境资源和集体资产作为农村产业发展的资本进行推广运用。

2. 推进民族建筑保护

将吊脚楼、风雨桥等土家族、苗族建筑符号融入乡村建设中，彰显地方建筑风格，提升建筑文化内涵。加大对特色村寨、古村落的摸底、挂牌和保护开发力度，使其建筑风格、建筑工艺和民族传统文化、民族风貌得到较为完整的保护；努力传承、丰富和拓展特色村寨的民族建筑文化，凸显地域特色，彰显民族个性，努力建成特色民居景观带。

3. 弘扬地方传统文化

保护传承民族文化。大力保护和传承优秀民族文化，打造独具恩施特色的文化品牌。抢救性地保护土家族、苗族等民族语言，保护及传承好文化遗产。在重点行业和区域实施民族服装着装工程。挖掘优秀民族文化资源，创作少数民族文化艺术精品，推进民族文化进校园、进景区、进村组。推进民族文化与乡村旅游融合，开发一批具有民族文化符号的名优产品，组织民族文化表演和竞赛活动，组织农民参与民族文化产业，促进民族文化资源与现代消费需求的有效对接。加快推进土家族吊脚楼建筑行业规范制定和土家族农村建房图集制作，传承、丰富和拓展民族建筑文化，形成特色民居景观带。

保护传承红色文化。弘扬革命精神，讲好红色文化故事，大力学习宣传张富清先进事迹。发展红色旅游，提升鹤峰满山红、建始店子坪、巴东金果坪、建始官店等红色旅游景区景点，在条件成熟的前提下逐步开发鹤峰五里坪革命旧址群、鼓锣山三十二烈士殉难处、中营红三军军部旧址、咸丰忠堡大捷遗址及烈士陵园、宣恩板栗园大捷等红色遗址遗迹，打造红色旅游线路。推动革命文物保护利用与中小学教育、干部教育相结合，打造一批红色教育基地。

保护传承乡村传统文化。总结传承乡村传统文化中蕴含的优秀思想观念、人文精神、道德规范，重现乡情乡愁。实施乡村文化遗产保护工程，修缮民族村寨、传统建筑、农业遗迹等物质文化遗产，完善非物质文化遗产保护传承机制。丰富乡村传统文化形态，将盐道文化、皮影戏、堂戏等文化元素植入旅游产业开发，促进文旅融合。创造性转化、创新性发展传统文化，培育傩戏、恩施扬琴、土家三棒鼓等民间艺人、非遗传承人，壮大一批文化企业，创作传统文化题材的文艺精品，打造西兰卡普织锦等文化精品，提升文化产品的观赏性、纪念性、艺术性和收藏性。

4. 加强乡村旅游文化建设

推进民族文化传承发展，强化文化对乡村旅游的支撑作用。认真落实《武陵山区（鄂西南）土家族、苗族文化生态保护实验区恩施州旅游业发展"十三五"规划》，建成乡镇文化建设"五个一"工程，即一个表演舞台、一支表演队伍、一笔专项资金、一个文化品牌、一系列民俗文化活动，不断丰富乡村旅游的文化内涵。

7.3.3 提升特色生态品牌影响力

1. 培育区域公用品牌

稳抓品牌建设。围绕茶业、畜牧业、优质林果业、高山蔬菜、马铃薯、中药材等特色产业，大力实施区域品牌、企业品牌、产品品牌"三位一体"发展战略，加快培育"恩施硒茶"等具有较高知名度、认知度、美誉度和较强市场竞争力的区域公用品牌，扩大硒品牌的影响力，推进硒食品精深加工产业集群提档升级；以区域公用品牌引领产业规模发展，推进全产业链开发，推动特色优势产业做大做强，促进农民增收。支持和鼓励企业申请无公害农产品、绿色食品、有机农产品和地理标志农产品，注册国际商标，申报中国驰名商标、湖北省著名商标、湖北省名牌产品。

深化品牌运营。聘请国内外专业团队开展硒品牌策划营销活动，不断提高"世界硒都"知名度。完善《世界硒都硒产品专营店建设方案》，推动恩施硒资源国际交易中心与企业、行业协会资源共享，以州文化中心硒博馆为核心，在全国大中城市建设专营店，加强硒产品综合电商平台建设，构建线上线下营销网络。深化与中国保健协会、中国营养学会等各级协（学）会的合作交流，积极承办和参加硒学术论坛等活动，推进"科学补硒·健康中国"科普等项目进程。

展示品牌形象。以政府引领、市场主导、行业自律的发展模式，加强品牌推广和产品营销，积极参加全国性、国际性展览展销会，举办好世界硒都（恩施）硒产品博览交易会、恩施硒茶博览会。积极争取国家和省支持，提高举办规格，将硒博会打造成全国知名的硒产品专业展会。积极争取硒国际会议在硒博会期间举办，提升硒博会国际影响力。加快推动硒博会市场化改革步伐，促进硒旅融合，打造"天天硒博会"。组织恩施特色硒产品参加中国农交会、武汉农博会、武汉及上海茶博会、杭州国际茶博会、中国食博会、武汉及杭州电博会等活动，开展硒产品产销专场对接。

2. 打造全国旅游文化名品

提升生态观光产品质量。注重生态保护，丰富游览体验，重点提升一批项目，适度新建一批项目，进一步提升恩施州高A级旅游景区发展水平。重点实施恩施大峡谷"5A+"行动，依托核心景区发展生态观光、避暑度假、运动休闲、特色小镇等旅游综合体，形成国际化知名品牌。打响神农溪 AAAAA 级景区保卫战，理顺机制，强化投入，提升纤夫文化旅游品牌竞争力等。

提升文化软实力。注重文化保护，创新文化体制，构建以土苗文化为主导、多样文化并存的大文化旅游格局。打造《龙船调》土家文化旅游区、施州古城文化旅游区、恩施土司城文化旅游区、唐崖土司城址民俗文化旅游区、神农溪纤夫文化旅游区等旅游名区;开展、宣传神农溪纤夫文化旅游区的纤夫拉纤、土家风情微演艺音乐剧《巴山恋》、恩施大峡谷景区的山水实景剧《龙船调》、利川腾龙洞风景旅游区的歌舞剧《夷水丽川》、恩施土家女儿城的室内实景演绎《西兰卡普》等文艺演艺活动。

开发休闲度假产品。加强设施建设,完善服务功能,创建一批国家级、省级旅游度假区、体育运动示范基地,促进恩施州旅游经济转型。推进国家级旅游度假区、省级旅游度假区、全国森林养生/体验基地、国家中医药健康旅游及智慧健康养老等示范基地建设。

推进区域旅游开发合作。强化恩施与宜昌的旅游合作,合力打造大清江旅游品牌;推动龙山来凤经济试验区旅游一体化;深化恩施与重庆的旅游合作,深耕重庆万州避暑度假市场,推进恩施与黔江旅游客源共享;推进恩施与神农架、十堰的旅游合作。

3. 打造资源型新型工业品牌

重点抓好恩施州现代烟草、绿色食品、清洁能源、新型建材、生物医药五大支柱工业的品牌建设和培育,着力抓好特色资源开发,为资源型工业发展提供有力支撑。以资源型工业重点项目为主,积极推动和培育出口品牌和名牌,全面提高出口竞争力。鼓励和支持出口企业增强技术创新和国际营销能力,引导和推动恩施州出口企业开展境外商标国际注册。

7.3.4 加大绿水青山就是金山银山理念宣传力度

1. 推进文化宣传工作

普及绿水青山就是金山银山理念。设立"绿水青山就是金山银山"主题日,开展系列主题活动。利用报纸、广播电视、网络、新媒体等媒介强化绿水青山就是金山银山理念的宣传教育,推进绿色发展理念进机关、进学校、进企业、进社区、进农村,增强全民节约意识、环保意识、生态意识,着力提高全社会对生态文化的认同度、接受度和践行度。把生态文化作为国民素质教育和现代公共文化服务体系建设的重要内容,将绿水青山就是金山银山理念列入党校干部培训的主体班次、干部网络教育的必修课程及全市中小学教育的重要内容。

丰富宣传载体。依托现有乡村文化长廊、农民文化乐园开展绿水青山就是金山银山理念宣传,建设融入生态文化元素、特色鲜明、类型丰富的科普馆、体验中心等生态文化科普场所,设置科普步道、科普长廊、宣传亭、标识牌等宣教设施。加快推进城市文化展览馆,进一步实施现有县博物馆等文化馆群的陈列展览提升等工程,鼓励专题馆发展,构建具有地方特色的生态文化馆群,打造绿水青山就是金山银山理念展示重要载体。

以群众性精神文明创建和道德实践活动为载体，深入开展生态文明建设宣传教育，让保护生态、节约资源、拒绝污染等生态文明意识深入人心。将生态文化作为公共文化服务体系和企业文化建设的重要内容，充分挖掘地方特色民族民俗和优秀传统文化，鼓励创作反映现代生态文明理念的文艺作品，丰富生态文化内涵。

2. 鼓励公众积极参与

完善环境信息公开制度。加快恩施州电子政务建设，通过生态环境局网站、环境公报、新闻发布会、新媒体 App 及报刊、广播、电视等形式，搭建环境质量实时发布系统和生态保护信息发布平台。定期发布空气、噪声、水体等环境信息，以及重点排污企业污染物排放情况。推进重点排污单位环境信息公开，主动接受监督。

提高公众参与程度。动员公众参与"绿水青山就是金山银山"实践，推动建立全体市民参与的社会行动体系，建立健全公共参与机制。施行环境违法有奖举报，在恩施州、县两级环境违法行为举报受理中心安排专人受理环境违法行为举报。对举报环境违法行为的公众进行奖励。政府部门充分利用各类新兴社交媒体，如组建"恩施州'绿水青山就是金山银山'建设"微信群，及时发布有关恩施州绿水青山就是金山银山理念实践建设的各类消息，公众可通过微信平台发表自己的看法、建议，形成政府部门与公众之间的良性互动，共同参与恩施州"绿水青山就是金山银山"建设。

第8章

"绿水青山就是金山银山"转化长效机制构建研究

> "绿水青山就是金山银山"转化是一个系统的、复杂的过程，涉及不同的参与主体和多个环节，转化体制机制是转化过程中的具体方法指导，关乎转化的成效及是否可持续。《"绿水青山就是金山银山"实践创新基地建设管理规程（试行）》对于构建"绿水青山就是金山银山"转化体制机制作出了明确要求，具体包括建立可复制、可推广、可持续的"绿水青山就是金山银山"转化机制，构建长效管理和激励机制等方面的内容。

8.1 现状分析

8.1.1 自然资源资产产权制度

自然资源资产产权是自然资源资产的所有权、用益物权、债权等一系列权利的总称。自然资源资产产权制度是对自然资源资产产权主体结构、主体行为、权利指向、利益关系等的制度安排，包括自然资源资产归谁所有（所有权）、谁可以使用（使用权）等。这一制度要求对水流、森林、山岭、草原、荒地、滩涂等自然生态空间进行统一确权登记，做到归属清晰、权责明确、保护严格、流转顺畅、监管有效。推进自然资源资产产权制度改革是促进生态产品价值实现、推动"绿水青山就是金山银山"转化的重要基础。恩施州全面推行自然资源资产产权制度改革，在自然资源资产统一确权登记、生态价值核算、自然资源资产离任审计等方面勇于探索实践，逐步完善自然资源资产产权体系，为"绿水青山就是金山银山"转化固本夯基。

1. 自然资源资产统一确权登记

作为湖北省自然资源资产负债表编制试点地区之一，恩施州自 2017 年起就开展了土地、林木、水和矿产资源资产账户的填报试点工作。2018 年，全州自然资产负债表的编制工作完成，为自然资源确权登记工作提供了基础资料。2020 年，恩施州发布《恩施州自然资源统一确权登记实施方案》，对开展自然资源统一确权登记工作的主要任务作出了具体部署，包括建立工作体系，配合做好自然资源部和省自然资源厅直接开展的自然资源统一确权登记工作，开展明确为州、县（市）代理行使所有权的自然资源统一确权登记工作，建设自然资源确权登记数据库，做好自然资源权属争议调处 5 个方面。2022 年，为加快推进全州自然资源统一确权登记工作，恩施州举行了自然资源统一确权登记工作培训会，与会专家对自然资源统一确权登记政策、登记制度及实际操作内容进行了详细讲解。

2. 自然资源资产离任审计

恩施州成立了自然资源资产离任审计工作领导小组，并开展领导干部自然资源资产审计。2021 年，围绕州委建设全国"绿水青山就是金山银山"实践创新基地的决策部署，融合经济责任审计对全州 18 名领导干部履行自然资源资产管理和生态环境保护责任情况开展了审计，审计查出土地资源管理、森林资源管理、水资源管理、矿山生态环境保护和恢复治理、大气污染防治及其他环境保护方面存在的问题。2022 年发布的《恩施州政府工作报告》提出要严格落实领导干部自然资源资产离任审计、生态环境损害赔偿和责任终身追究等制度，再次强调了开展自然资源资产离任审计的重要性。

8.1.2 生态产品市场交易机制

生态产品是指由自然生态系统提供的产品和服务，可分为物质供给类、调节服务类和文化服务类。将生态产品所具有的生态价值、经济价值和社会价值通过市场经营开发手段体现出来，是生态产品市场交易的核心要义，也是实现生态产品价值转化的重要路径。近年来，恩施州探索推进碳排放权、排污权等生态资源权益交易，恩施市印发《恩施市生态产品价值实现路径试点实施方案》，建立健全了生态产品市场交易机制，推动了生态产品价值实现。

1. 探索推进碳排放权交易

恩施州成立了以州长任组长的应对气候变化及节能减排工作领导小组，制定了减碳目标责任制和评价考核制度，开展了对碳排放权交易工作开展情况的目标考核。督促纳入碳排放权交易市场配额管理的企业按时完成碳排放履约工作。截至 2022 年，全州纳入湖北省碳排放权交易市场配额管理的 5 家水泥企业已经历 7 个履约周期（2014—2020 年），履约率均为 100%。

2. 持续开展排污权交易

排污权是指排污单位经核定，允许其排放污染物的种类和数量。排污权交易是指在生态环境部门的监管下，各个排污主体将持有的排污指标在符合交易法规的条件下进行有偿转让，且权利主体通过转让排污权获取利益的行为。目前，参与交易的污染物种类有化学需氧量（COD）、氨氮（NH_3-N）、SO_2、NO_x。

2015 年，恩施州开展了第一笔排污权交易。截至 2021 年，全州已经安排了 57 家新增主要污染物指标企业进行排污权交易，累计出让 COD 21.8 t、NH_3-N 3.2 t、SO_2 225.8 t、NO_x 235.6 t，交易总金额 375.8 万元。为推进疫后重振经济复苏，恩施州出台复工复产支持政策，政府全额承担了排污权交易手续服务费，为企业节约交易成本 1.7 万元，全州排污权交易市场日渐活跃。同时，恩施州也加强了排污权出让收入的审核，2021 年全面清查出排污权交易历史欠费项目 10 个，督促 6 个项目按要求完成了排污权交易流程，清缴价款共计 27.86 万元。此外，为适应以城市群、都市圈为主体的发展模式，恩施州还在探索与宜昌、荆州、荆门等周边城市的合作之道，着力推动打通"宜荆荆恩"国家森林城市群排污权交易市场。

8.1.3 生态补偿机制

生态补偿是指在综合考虑生态保护成本、发展机会成本和生态服务价值的基础上，采用行政、市场等方式，由生态保护受益者或生态损害加害者通过向生态保护者或因生态损害而受损者以支付金钱、物质或提供其他非物质利益等方式，弥补其成本支出及其他相关损失的行为[82]。推行生态保护补偿机制的探索和实践是促进生态优势转化为经济优势的有效方法，也是推动绿水青山向金山银山转化的直接路径。近年来，恩施州在林业、环境空气质量、流域生态补偿等方面持续探索，为"绿水青山就是金山银山"转化长效机制的建立奠定了坚实的基础。

1. 林业生态补偿

在林业生态补偿方面，恩施州加强了重点公益林的生态补偿。按照《国家林业局 财政部重点公益林区划界定办法》和《湖北省级公益林区划界定技术要点》的规定，恩施州对全州林业用地进行了区划界定，共区划界定国家级公益林 854.32 万亩，省级 154 万亩。原 291 万亩县级公益林按照每年每亩 13.75 元的标准全部纳入生态补偿，并进行严格保护。截至 2021 年，共完成了 777.32 万亩国家级公益林、138.03 万亩省级公益林、829.42 万亩天然林的生态补偿兑现工作，兑现完成退耕还林补助资金共计约 6 911.42 万元。

2. 环境空气质量生态补偿

在环境空气质量生态补偿方面，2016 年《恩施州环境空气质量生态补偿暂行办法》印发，规定以 PM_{10}、$PM_{2.5}$ 为考核指标，建立生态补偿考核奖惩机制。提出根据环境空气质量生态补偿考核奖惩资金计算结果的正负来确定是获得奖金还是缴纳罚款，即"变好奖励，变差罚款"。2019 年，恩施州政府共兑现县（市）环境空气质量生态补偿资金 1 382 万元。

3. 流域生态补偿

恩施州水系发达，作为长江进入湖北省的首站，同时也是八百里清江的发源地，在流域生态补偿方面做足了文章。2020年，恩施州政府发布《清江流域上下游横向生态保护补偿实施方案（试行）》，按照"受益者补偿、损害者赔偿、保护者受偿"的原则，分4种类别对补偿标准作出了规定：①针对断面水质优于考核类别的情况，下游县（市）补偿上游相邻县（市）300万元；②针对断面水质达标的情况，上下游相邻县（市）互不补偿；③针对断面水质超标的情况，每超过一个类别，上游县（市）补偿下游相邻县（市）300万元，依次累加；④恩施市、建始县入境出境断面水质均超标，且出境断面水质浓度劣于入境断面的情况下，加倍补偿下游县（市）。方案出台后，清江流域生态保护和治理长效机制得到完善，清江流域水生态环境质量持续改善。2022年，恩施州与宜昌市联合在长江恩施州至宜昌段、清江建立了跨市州河流横向生态保护补偿机制。

在州内流域生态补偿方面，2016年恩施州印发《恩施土家族苗族自治州酉水河保护条例》，明确酉水河流域县级人民政府应签订上下游横向生态补偿协议。2023年，宣恩县与来凤县、咸丰县分别签订《酉水河流域上下游横向生态保护补偿协议》《忠建河流域上下游横向生态保护补偿协议》，以改善酉水河、忠建河水环境质量和保护其水生态环境为目的，施行酉水河、忠建河流域上下游"双向生态补偿协议"。

4. 生态产品价值实现生态补偿

除林业、环境空气质量、流域等专项生态补偿外，恩施州还积极争取国家、省级相关支持政策，争创生态产品价值实现机制试点，逐步探索建立基于生态产品质量和价值的横向生态补偿，恩施市龙凤镇青堡村、建始县花坪镇村坊村已列入湖北省首批生态产品价值实现生态补偿试点。

8.1.4 绿色金融支持机制

1. 绿色领域银企对接力度持续加大

恩施州绿色信贷起步虽晚，但得到初步发展，信贷模式多样。因地制宜推出了多种信贷产品，包括"猪（畜禽）沼肥贷""硒茶贷"等。近年来，恩施州绿色贷款对可再生能源及清洁能源项目贷款、绿色农业开发项目的贷款、农村及城市水项目这些重点领域支持力度加大，分别占绿色贷款总额的60.36%、8.75%、7.89%。2021年，绿色贷款余额126.18亿元，同比增加13.21亿元，增长11.69%。利川市、宣恩县依托扎根县域的地方法人金融机构农商行，优先在茶旅结合较好的乡村开展了"整村授信"，推出了"农益贷+商易贷+亲情贷"的整村授信主打产品组合。此外，还开展了集中评级，筛选出一部分诚实守信、有一定产业基础的农户为其提供"福益贷"，产品纯信用、无须抵押，以手机银行为平台自助提款，并提供传统存贷款、电子银行、支付结算等"一揽子"金融服务，这一经验被武汉分行推广。

2. 林业投融资持续创新

恩施市自 2009 年开始试点推出林权抵押贷款，符合贷款条件的林权所有者持林权证即可向当地信用社申请贷款，极大地满足了林业产业发展的资金需求。广大群众充分利用自己的林地发展绿化经济苗木，开展林下种植、林下养殖、农家乐、林下生态旅游等多种经营，林权抵押贷款调动了干部群众造林、育林、护林的积极性和主动性，实现了林业资源向林业资产的迈进，进一步促进了全市林业产业朝规模化、集约化方向发展。此后，恩施市不断创新林权抵押贷款及林权收储担保融资方式，积极探索经营权融资担保机制、公益林补偿收益权质押担保贷款机制和"林权抵押+林权收储+森林保险"贷款模式，将 220 万亩森林纳入保险范围，截至 2021 年已理赔 159 万元。鹤峰县积极运用"财政+金融"手段，利用政府性融资担保机构为中小企业扩面提额、增信降费，全面推广"4321"再担分险贷和"4222"科创担保贷等新型"政银担"业务，不断创新反担保措施，积极推广以股权、林权证等为质押的贷款业务，提高信用担保业务占比。2023 年，鹤峰县成功发放首笔林权证抵押担保贷款。2020 年，恩施州印发了《恩施州人民政府关于推动林业产业高质量发展的指导意见》，提出要深化集体林权制度改革，加大对林业龙头企业、家庭林场、林农专业合作组织的信贷扶持力度，扩大林权抵押贷款规模，优先满足林农信贷需求。此外，还要完善森林保险保费补贴政策，提高发展经济林的保费补贴比例，积极争取落实林农小额担保贷款贴息等政策。

3. 惠企金融政策不断落实

恩施州通过推广特色纯信用产品、常态化开展政银企对接、引导银行机构加大对生态产品经营主体信贷支持等多种方式为企业提供惠利。在推广特色纯信用产品方面，积极引导银行机构利用特色纯信用信贷产品支持小微企业的有效融资需求。2021 年，全州"政采贷"发放 42 笔，金额 12 570 万元；邮储银行"硒茶贷"发放 284 笔，金额 7 886 万元；建行"云税贷"发放 580 户，金额 34 075 万元。在常态化开展政银企对接方面，恩施州积极邀请省级金融机构开展重大项目融资对接活动，将生态环保纳入重大支持项目，2021 年累计 97 个重大项目获得银行机构支持，已发放贷款 81.45 亿元。同时，运用"金融服务方舱"常态化政银企对接机制，将 1 760 家企业纳入方舱，获得银行新增贷款支持 46.6 亿元，享受展期、续贷、延期还本付息等金融支持 28.84 亿元。在引导银行机构加大对生态产品经营主体信贷支持力度方面，恩施州积极开发绿色信贷产品，在湖北省率先推出农村土地经营权抵押贷款，2021 年共发放贷款 38 笔，金额 2 043 万元。2021 年通过落实惠企金融政策累计为市场主体减负 1.51 亿元，其中降低利率让利金额 6 700 万元，减免收费金额 4 700 万元，减免利息金额 3 700 万元，推动全州普惠型小微企业贷款利率降低 0.09%。

8.1.5 实践典型案例塑造机制

恩施州在州人民政府网站开设了"立足大生态、构建大交通、发展大旅游、打造大产业，彰显'土、硒、茶、凉、绿'特色优势，奋力推进恩施绿色崛起"的专栏，刊载关于促进恩施州生态环境资源优势向经济优势转化的相关工作部署、进展及成效，为公众了解"绿水青山就是金山银山"建设相关政策、恩施州"绿水青山就是金山银山"建设情况等提供了良好的"窗口"。例如，2022 年 1 月，《恩施：绿水青山成为一个品牌一座富矿》一文在《中国环境报》上发表，从壮大生态经济规模、探索体制机制创新、实现全域脱贫摘帽 3 个方面总结了具有恩施特色的"绿水青山就是金山银山"转化之路，起到了较好的宣传作用。此外，恩施州还依托"两微一端"网络平台积极开展"绿水青山就是金山银山"建设宣传。恩施州人民政府办公室、恩施州委宣传部等均开设微博账号，不定期发布州内"绿水青山就是金山银山"实践进展和成效。在党的二十大召开之际，恩施州生态环境局在机关单位公众号上开设了恩施州"绿水青山就是金山银山"建设经典案例展播，分篇章宣传了下辖 8 个县（市）"绿水青山就是金山银山"建设情况及独具特色的转化案例。

8.2 存在的主要问题

8.2.1 统一的标准与规范缺位

生态产品价值核算的量化和运用还处于前期探索阶段。2021 年，中共中央办公厅、国务院办公厅印发《关于建立健全生态产品价值实现机制的意见》，明确提出要"制定生态产品价值核算规范。鼓励地方先行开展以生态产品实物量为重点的生态价值核算，再通过市场交易、经济补偿等手段，探索不同类型生态产品经济价值核算，逐步修正完善核算办法。在总结各地价值核算实践基础上，探索制定生态产品价值核算规范，明确生态产品价值核算指标体系、具体算法、数据来源和统计口径等，推进生态产品价值核算标准化"。2015 年，相关研究团队曾开展了恩施州生态价值核算。研究结果显示，2014 年恩施州生态价值为 10.74 万亿元，是同期地区生产总值的 175.5 倍，为推进生态环境管理决策提供了重要参考，但由于缺乏统一的核算与认证体系，其在跨区域生态补偿、生态转移支付及生态产品权益交易中的应用难以实现，运用场景十分有限。

8.2.2 转化机制有待深入探索

生态产品实现市场化的交易机制不健全，自然资源有偿使用的覆盖面不够广，森林碳汇交易还处于探索阶段。以生态环境要素为实施对象的分类补偿制度还处于探索阶段，跨区域、多元化的生态补偿机制建立任重道远。生态产品的规范化管理及"恩施玉露""利川红"等公用品牌的建设亟须加强。生态产品交易市场中供求矛盾较为突出。人才短板也比较突出，缺乏高水平的研究团队支撑，对转化路径的研究不够，配套政策制度相对滞后。对典型案例的集成和提炼不够，各县（市）各案例点状分散存在，连片示范带动效应还比较有限。相关指标的统计口径缺失导致数据获取困难，管理规程中"两山指数"难以衡量转化的实际成效，适合恩施州情的"绿水青山就是金山银山"转化成效评价体系亟须建立。"绿水青山就是金山银山"建设公众满意度调查及"两山指数"综合评估等工作亟须加快推进。

8.2.3　转化名片宣传方式创新不足

打造"绿水青山就是金山银山"转化模式和名片，有助于充分总结、展示、宣传恩施州在推进转化实践中的成效、创新亮点与经验，有利于巩固"绿水青山就是金山银山"实践创新基地的建设成果。虽然恩施州在转化实践探索过程中已经初步形成了恩施模式，但对于典型案例的打造、包装及经验的宣传和推广力度还不够、途径还不多，"以点带面"的示范带动效应还未完全显现。

8.3　重点任务

8.3.1　完善生态产品价值实现机制

1.活用自然资源资产产权制度

健全自然资源资产产权制度。以自然资源多种属性及国民经济和社会发展需求为基础，与国土空间规划和用途管制相衔接，对县域内湖泊、河流、湿地、荒地等自然生态空间进行统一确权登记，形成归属清晰、权责明确、监管有效的自然资源资产产权制度。加快构建分类科学的自然资源资产产权体系，推动自然资源资产所有权与使用权分离，着力解决权利交叉、缺位等问题。创新自然资源资产全民所有权和集体所有权的实现形式。落实承包土地所有权、承包权、经营权"三权分置"，开展经营权入股、抵押。探索宅基地所有权、资格权、使用权"三权分置"。加快推进建设用地地上、地表和地下分别设立使用权，促进空间合理开发利用。取消采矿权抵押备案登记。

推进自然资源资产有偿使用制度改革。健全水资源资产产权制度，根据流域生态环境特征和社会经济发展需求确定合理的开发利用管控目标，实施对流域水资源、水能资源开发利用的统一监管。全面推进矿业权竞争性出让，完善自然资源资产分等定级价格评估制度和资产审核制度。完善自然资源资产开发利用标准体系和产业准入政策，将自然资源资产开发利用水平和生态保护要求作为选择使用权人的重要因素并纳入出让合同。完善自然资源资产使用权转让、出租、抵押市场规则，规范市场建设，明确受让人开发利用自然资源资产的要求。统筹推进自然资源资产交易平台和服务体系建设，健全市场监测监管和调控机制，建立自然资源资产市场信用体系，促进自然资源资产流转顺畅、交易安全、利用高效。

落实和完善生态环境损害赔偿制度。建立独立公正的生态损害赔偿制度，对责任人占用的生态环境资源或已经造成的生态破坏进行科学评估，由责任人承担修复或赔偿责任。按照"谁修复、谁受益"的原则，通过赋予一定期限的自然资源资产使用权等产权安排，激励社会投资主体从事生态保护修复。健全自然资源资产监管体系。发挥人大、行政、司法、审计和社会监督作用，创新管理方式方法，形成监管合力，实现对自然资源资产开发利用和保护的全程动态有效监管，加强自然资源督察机构对国有自然资源资产的监督。完善自然资源资产产权信息公开制度，强化社会监督。充分利用大数据等现代信息技术，建立统一的自然资源数据库，提升监督管理效能。建立自然资源行政执法与行政检察衔接平台，实现信息共享、案情通报、案件移送，通过检察法律监督推动依法行政、严格执法。完善自然资源资产督察执法体制，加强督察执法队伍建设，严肃查处自然资源资产产权领域重大违法案件。

2. 建立生态产品价值核算评估体系

探索研究生态产品价值核算方法。以维系生态系统原真性和完整性为导向，建立一套科学、合理、可操作的生态产品价值核算评估体系。围绕自然资源资产产权制度改革、生态产品政府采购、生态产品交易市场培育、生态产品质量认证、绩效评价考核和责任追究等方面，探索形成可复制、可推广的制度体系。完善恩施生态产品目录清单，科学评估各类生态产品的潜在价值量。探索建立恩施州 GEP 核算体系，在单项指标计算的基础上，分别汇总形成分类型、分县（市）和全州的生态资源价值总量、生态产品价值总量、生态服务价值总量。开展生态产品价值核算评估试点，完善指标体系、技术规范和核算流程。

建立职责部门分工协作的工作机制。按照生态系统类型将森林、草地、农田、湿地、水体等评估体系的评估工作分解到相关部门，落实好责任单位和配合部门。由统计部门牵头，制定生态服务价值评估体系方案，协调各部门开展测算工作，汇总部门的评估结果。林业、农业农村、水利、自然资源、生态环境等主要责任部门分别负责制定和完善相关生态服务价值调查及评估方案，并开展调查评估。其他部门配合提供开展评估工作所需的部门基础数据。

探索生态产品价值核算结果应用机制。探索建立根据生态产品质量和价值确定财政转移支付额度、横向生态补偿额度的体制机制，完善推动生态产品价值实现的财政奖补机制。探索将生态产品价值纳入年度目标考核体系及干部自然资源资产离任审计制度。

3. 健全生态产品市场交易体系

健全生态产品市场交易机制。培育一批从事生态保护修复和治理的专业化企业和机构。设立政府主导，水电生产、生物医药（不含化学合成工艺）等生态产品利用型企业参与的生态保护基金。探索建设生态产品交易平台，通过用能权交易机制鼓励清洁能源消费，争取国家支持探索开展清洁能源抵扣能耗消费总量改革试点；探索建立用能权、碳排放权等权益的初始配额与生态产品价值核算挂钩机制。

建立生态信用制度体系。建立企业和自然人的生态信用档案、正负面清单和信用评价机制，将破坏生态环境、超过资源环境承载能力开发等行为纳入失信范围。探索建立将生态信用行为与金融信贷、行政审批、医疗保险、社会救助等挂钩的联动奖惩机制。

完善促进生态产品价值实现的金融体系。鼓励各类金融机构按照风险可控、商业可持续的原则，加大对恩施州绿色发展的支持力度，优先支持生态产品价值实现重点项目。推动银行、证券、基金等金融机构与恩施州合作设立生态产品价值实现专项基金，争取金融机构等对试点工作的支持。积极培育优质企业，支持提供生态产品的企业发行绿色债券融资工具。支持探索农产品收益保险和绿色企业贷款保证保险。

4. 健全生态价值实现支撑体系

全面实施"大搬快聚"富民安居工程。突出解危、脱贫、集聚、生态保护，加快要素空间优化配置。促进城乡融合发展，推动城镇化发展、产业布局优化和古村复兴，推进全域土地综合整治与生态修复，加强农村垃圾治理。强化精准帮扶，提高生态搬迁差异补偿标准，对迁出区实施退耕还林还草还湿、开垦地造林等修复措施，确保生态保护与生态价值实现双赢。

构建综合交通支撑体系。支持加快鄂西南综合交通建设。构筑高效铁路通道，全面构建"七干两支"①铁路网，加快推进安恩张铁路、恩黔铁路、沿江高铁渝恩宜段等项目前期工作；完善高速公路大通道，着力构建"三纵三横一联"②骨架高速公路网，建成建恩高速、宜来高速宣鹤段，开工建设宜来高速鹤峰东段、来咸高速、建恩高速北段、利咸高速；支持"四好农村路"③，完善农村公路循环网，实现"村村通沥青（水泥）路、聚居 20 户以上自然村通沥青（水泥）路、自然村（组）通砂石路"的目标。实施交旅融

---

① 七干两支："七干"由宜万铁路、渝利铁路、黔张常铁路、郑万铁路、安恩张衡铁路、昭黔恩铁路及一条穿越恩施主城区的高速铁路组成，"两支"即腾龙洞至大峡谷旅游观光铁路和恩施物资铁路专用线。

② 三纵三横一联："三纵"指建恩北+建恩+恩来、利万+利咸、巴张高速，"三横"指沪渝、沪蓉、鹤峰东+宣鹤+宣咸+恩黔咸丰至黔江段，"一联"指恩黔宣恩至咸丰段。

③ 四好农村路即建好、管好、护好、运营好的农村公路。

合战略，完善旅游交通规划，大力推进新的千公里生态旅游公路建设，积极推进州内所有通往 AAAA 级景区及以上景区公路达标建设，各县（市）建设一条快进慢游生态示范旅游公路，加快建设恩施大峡谷—利川腾龙洞旅游观光铁路。加强航线开拓，加快推进通用航空的规划建设。

强化人才科技支撑。聚焦生态产品价值实现、前沿生态技术研究等方向，支持建设恩施"绿水青山就是金山银山"研究中心，面向全国引进创新型复合人才，支持开展理论、生态补偿机制、生态产品价值实现机制等课题研究，探索课题研究成果转化机制。

推进开放合作交流。与经济发达地区合作探索生态产品价值异地转化模式，每年在恩施举办生态产品价值实现机制交流大会，加强与长江经济带相关省（市）之间的生态产品价值实现机制合作交流。

8.3.2　完善评价与考评机制

1. 完善生态文明建设目标评价体系

将突出经济发展质量、能源资源利用效率、生态建设、环境保护、生态文化培育、绿色制度等方面指标作为经济社会发展综合评价和市县党政领导干部政绩考核的重要内容和基础。综合考虑各地主体功能定位、资源禀赋、产业基础、区位特点等，开展生态文明建设评价，定期将评价结果向社会公开，扩大公众参与，促进生态文明全社会共建共享。研究建立绿色发展考核评价体系，以《绿色发展指标体系》和《湖北省绿色发展指标体系》为主要依据，建立县域绿色发展指标体系，建立绿色发展考评机制，开展年度评价，引导恩施州加快推动绿色发展，大力加强绿色发展统计基础工作，落实生态文明建设相关工作。

2. 建立 GEP 考核体系

在绿色 GEP 定量核算的基础上，通过建立一个不同时期的地区生态资源价格和社会经济发展质量评价体系，实现恩施发展质量变化情况的常态化跟踪评估。基于绿色 GEP 核算，探索推行地区生产总值与 GEP 双核算、双运行、双提升机制，逐步建立体现"绿水青山就是金山银山"实践创新要求的目标体系、考核办法、奖惩机制，并将考核结果作为评价领导干部政绩、评优和选拔任用干部的重要依据，丰富和完善城市成果评价体系。

3. 完善领导干部自然资源资产离任审计制度

以自然资源资产负债表为主要依据，建立健全领导干部自然资源资产离任审计制度。完善领导干部自然资源资产离任审计制度，开展党政领导干部自然资源资产离任审计试点，以领导干部任期内辖区森林、土地和水等自然资源资产变化状况为基础，探索构建各领域评价指标体系，根据被审计领导干部任职期限和职责权限对其履行自然资源资产管理和生态环境保护责任情况进行审计评价，明确追责情形和认定程序，依法准确界定被审计领导干部对审计发现问题应承担的责任。

4. 建立"绿水青山就是金山银山"评价考核体系

建立"绿水青山就是金山银山"建设责任管理约束制度。以生态资源供给和保障为核心，加大对生态环境的考核权重，探索构建突出生态产品价值实现的考核指标和配套机制。将反映"绿水青山就是金山银山"建设的核心指标纳入恩施州各县（市）党政实绩考核，在恩施生态环境保护"党政同责、一岗双责"责任规定及考核办法中增加重点单位、重点企业及乡镇一级党委政府等考核对象。以生态文明绿色发展为主线对各项规划、政策、行动进行梳理和整合，建立实施以生态优先、绿色发展为导向的高质量发展考核机制。各县（市）党委、政府及州直相关部门每年提交工作总结，强化和完善第三方考核机制，积极推动各级党委、政府领导自觉主动将生态环境保护意识纳入管理决策中。建立核查和后督查机制，做到跟踪督办，公开各县整改细化方案。将"两山指数"作为实施成效评价的标准，建立"绿水青山就是金山银山"转化评价考核机制，以目标指标和任务要求为基础，制定科学、规范、严格的考核体系、督查方案和目标考核办法，实施半年一总结、一年一考核、三年进行中期评估的考核评估工作机制，将评估考核结果作为领导班子和领导干部综合考核评价的重要依据。

8.3.3 构建系统完善的生态补偿制度

1. 探索建立流域生态保护补偿制度

建立长江、清江重点流域生态补偿制度。争取国家和省的支持，与宜昌、重庆等地建立"环境责任协议"制度，采用重点流域水质水量协议的模式，明确上下游在生态补偿机制中的责任、权利和义务，走流域上下游共建共享之路，实现流域上下游之间公平地享有生存权、发展权。进一步完善长江、清江跨界断面水质生态补偿机制。建立州内横向生态补偿方式。以重点流域保护为核心，选择具有生态利益关系的上下游县（市）作为州内横向生态补偿主体，在上下游县（市）政府自主协商的基础上签订横向生态补偿协议，经双方自主协商确立水质改善目标、考核标准和补偿方式，在州政府监督下实施。建立恩施州流域横向生态补偿相关制度。

2. 建立健全多元生态补偿机制

发挥政府对生态环境保护的主导作用，将生态保护补偿与实施主体功能区规划有机结合，推进水生态、森林、流域、湿地、耕地等重点领域和禁止开发区域、重点生态功能区等重点区域生态保护补偿全覆盖，实现生态价值变现，还富于民。争取在国家级自然保护区、国家重要湿地实施中央财政和省级财政湿地生态效益补偿试点。推动生态补偿资金来源渠道多元化。抓住"一红一绿"战略建设机遇，以保护恩施州生态资源、建设国家重要生态功能区为出发点，积极向上争取国家、湖北省对恩施州更多的支持政策，并通过国家、省主导补偿来完成服务补偿、资源补偿、破坏补偿、发展补偿和保护补偿。实施项目带动补偿模式。在水资源开发、矿山开发、林地利用等项目上，按照"谁开发、谁保护，谁破坏、谁治理，谁受益、谁缴纳"的原则实行利益方污染赔偿与生态补偿，并加大环境与资源费征收力度。县（市）财政要逐步增加预算安排，重点支持"生态环境保护和治理""城乡环保基础设施和环境监测监控设施建设""生态公益林建设""农村安全饮用水""农村沼气"等工程建设，以及水土保持、自然资源保护、城乡环境综合整治等生态补偿效益明显的工作。实行基本财政保障制度和生态保护财政专项补助政策，建立环保补助专项资金、生态公益林补偿基金、水资源费、城市维护费、财政支农资金、工业企业技术改造财政资助、财政扶贫资金等专项资金，着重向重点生态功能区、水系源头地区、自然保护区和对区域、流域生态环境保护作用明显的工程项目倾斜。

3. 制定区域生态补偿标准和资金管理办法

制定区域生态补偿标准，进一步明确补偿对象、确定相关利益主体间的权利义务和保障措施。要严格规范生态公益林效益补偿资金管理，严格执行资金使用有关规定，确保补偿资金专款专用。生态补偿资金应当用于维护生态环境、发展生态经济、补偿集体经济组织成员等。制定详细的资金分配规则，保证生态补偿资金使用的合理性。各级政府进一步加大审计和检查监督力度。州、县（市）财政部门负责统筹协调本行政区域的生态补偿工作，农业、水务、林业、生态环境等主管部门负责做好本部门职能范围内的生态补偿工作。

8.3.4 大力发展绿色金融

1. 探索建立绿色金融地方标准

探索建立恩施州绿色金融地方标准，明确绿色属性认定、金融产品设计、绿色金融业务管理及信息披露的标准。制定绿色企业、绿色项目评价标准。发布恩施州的绿色项目或绿色产业目录，为各类绿色金融产品提供统一标准。所有绿色金融产品涉及需要投入绿色项目或绿色产业的，都以统一的目录为标准。人行恩施中心支行、恩施银保监分局等负责金融机构开展绿色金融业务的统筹监管和指导，并出台针对金融机构的相关监管政策和激励措施；由恩施州发展改革委负责对现有绿色项目标准进行整合统一并进行发布，相关的绿色金融产品以此为依据。

2. 设立绿色产业基金

推动建立多层次、广覆盖、可持续、风险可控的专门服务于长江经济带的鄂西生态文化旅游圈绿色产业投资发展基金，撬动传统绿色金融包含的绿色信贷、绿色债券、绿色保险产品更新换代，产品革新，开展多样性、差异化的绿色结构性存款，碳配额质押性融资等金融衍生绿色金融业务，开展以"资本+技术""资源+基金"为驱动的绿色产业的"孵化器"，通过基金、信托、第三方支付等手段定向精准地支持恩施州土司文化、生态旅游、民宿度假、生态环保等绿色产业低成本融资。

3．加大绿色金融政策支持力度

开发绿色信贷产品。政策性银行和国有商业银行要大力发展绿色信贷，开发绿色信贷产品，加大对可再生能源及清洁能源、节能环保服务、绿色农业开发等绿色发展领域的支持力度。加大对绿色信贷主体的培育力度。落实《湖北长江经济带生态保护和绿色发展融资规划》，完善融资项目库，推动融资项目落实落地。推动绿色债券发行。鼓励符合条件的金融机构和非金融企业发行绿色金融债、绿色债务融资工具等绿色债券，以及绿色信贷资产支持证券。

8.3.5　加强"绿水青山就是金山银山"转化特色经验总结

1．塑造绿水青山保护与修复典范

围绕解决恩施州生态系统保护与治理中的重点、难点问题，依托重点区域生态系统保护和修复工程，系统梳理和总结恩施州在水环境保护、生物多样性保护、生态防护体系、土地整治与污染修复、城市和农村生态环境保护等领域的经典案例，以宣恩县清水塘村美丽乡村建设，二仙岩、星斗山等湿地保护，宣恩县、来凤县、鹤峰县畜禽养殖粪污资源化等项目为代表，总结生态环境保护方面的成功经验，塑造绿水青山保护与修复典范。

2．打造金山银山建设典范

深入挖掘恩施州通过"绿水青山就是金山银山"转化补齐民生短板、减少相对贫困、促进共同富裕的经典案例，推动农村产业兴，鼓励百姓共享转化红利，打造"绿水青山就是金山银山"转化促进民生改善的实践典范。聚焦恩施州旅游资源优势，深挖咸丰唐崖土司城世界文化遗产和恩施大峡谷、巴东神农溪、利川腾龙洞、恩施土司城、恩施地心谷、咸丰坪坝营等自然生态及人文旅游项目的发展潜力，以高品质的生态文化旅游业带动生态价值转化的样本。充分利用富硒、茶叶、药材等独特资源优势和产业优势，着力发展生态文化旅游、硒食品加工、生物医药、清洁能源等产业集群。发展北茶南果高山药、羊乳山村茶叶、白水村箬叶、长梁镇旋龙村金果梨种植基地等有机农业、林特产业生态经济新模式，树立生态致富新样本。

3．树立转化制度创新标杆

系统梳理恩施州在生态环境治理、生态环境监管、生态资源资产化改革、生态产品价值实现机制、社会治理模式等方面的典型做法，总结提炼"绿水青山就是金山银山"建设制度创新经验，在生态产品政府采购、生态产品交易市场培育、生态产品质量认证、

财政奖补机制等方面探索形成可复制、可推广的制度政策体系。完善环境公益诉讼、水
环境恢复性司法、绿色产业基金、农村环境综合整治长效机制等制度建设和创新实践，
为生态环境高水平保护、经济高质量发展提供制度红利和动力，保障"绿水青山就是金
山银山"建设健康、有序、可持续发展。

第9章

"绿水青山就是金山银山"转化工作推进机制研究

"绿水青山就是金山银山"实践有赖于顺畅有序的工作推进机制，离不开政府、企业和社会公众各尽其责、共同推动。要从目标责任落实、调度与评估、资金保障、引导与宣传、科技与人才支撑等方面推进构建完善的工作机制。在目标责任落实方面，要强化组织领导、明确责任分工；在调度与评估方面，要加强年度任务分解、强化年度工作评估、开展联合协商；在资金保障方面，要统筹整合财政资金、鼓励社会资本融入；在引导与宣传方面，要加强学习与经验交流、做好案例收集与汇编、拓宽宣传教育渠道、鼓励公众参与共建；在科技与人才支撑方面，要加强基础研究与成果转化、人才培养与团队建设。

9.1 目标责任落实机制

9.1.1 强化组织领导

建立高规格的"绿水青山就是金山银山"实践创新基地创建工作领导小组，负责统筹推进"绿水青山就是金山银山"实践创新基地建设工作，研究部署重大决策，协调解决重大问题，督促落实重大事项。领导小组下设办公室，负责具体任务的推进，形成领导小组主抓部署、领导小组办公室主抓落实、各部门单位具体实施的上下联动的工作机制，做到层层传导压力、层层认真履职，真抓实干，见到实效。

领导小组办公室设在州生态环境局，负责日常具体工作，根据实施方案分解落实建设任务，严格执行考核目标，定期梳理建设中的具体问题，及时与国家、省、州相关部门对接，牵头制定"绿水青山就是金山银山"实践创新基地建设重大事项协调和联络制度。建立建设工作议事机制和联络员会议制度，形成建设工作合力。建立工作责任制，将各项工作落实到部门，建立责任人清单，明确工作目标、工作任务、时间节点，形成部门相互配合，县（市）、乡镇分级管理的上下联动的工作机制，以高质量推动"绿水青山就是金山银山"实践创新建设工作。

9.1.2 明确责任分工

制定"绿水青山就是金山银山"建设工作清单和年度工作计划，明确各部门在"绿水青山就是金山银山"实践创新基地建设过程中的分工、责任、工作目标和时间节点，提高目标任务完成效率。建立部门联席会议机制，开展目标任务完成情况督办，定期组织召开"绿水青山就是金山银山"实践创新基地建设工作任务落实会议，强调重点工作任务时间进度要求，增强全体参与人员的责任意识，强化责任担当。

9.2 调度与评估机制

9.2.1 加强年度任务分解

"绿水青山就是金山银山"转化实践任务涉及多个领域，需要不同地方、部门的协同联动，通力合作推进任务落实落地。要加强对各项建设任务的细化分解，并明确牵头部门、配合部门及重要时间节点。具体而言，要依据《恩施州"绿水青山就是金山银山"实践创新基地建设实施方案（2021—2023年）》的要求，结合对上一年度重点任务、主要指标、重点改革事项及重大工程项目等完成情况的分析，由州领导小组办公室组织制定并及时发布年度工作计划与任务清单，细化建设工作任务，明确工作目标、时间节点和责任单位，指导各地各部门有序开展实践工作。

9.2.2 强化年度工作评估

相关州直单位、各县（市）人民政府对照细化分解的年度工作计划和任务清单，梳理本单位（政府）相关年度工作开展情况、主要成效及存在问题、下一步建议等。领导小组办公室统筹开展"绿水青山就是金山银山"实践创新基地建设年度评估，对照"绿水青山就是金山银山"建设总体方案和年度方案等，围绕年度工作任务进展、重点工程项目进展、指标完成情况及工作推进过程中存在的主要问题等，结合任务分工，组织对州直单位、各县（市）人民政府开展工作评估，形成评估报告并报送州人民政府。

9.2.3 开展联合协商

建立部门间联席会议制度和州—县（市）联动协调机制，协调推动凝练各县（市）"绿水青山就是金山银山"转化模式，鼓励推动各县（市）将"绿水青山就是金山银山"实践当作长期性工作，列入政府重要议事日程，形成工作合力，提高建设效率。建立工作议事机制和联络员会议制度,由领导小组办公室负责开展统筹协调工作,各州直单位和县(市)人民政府指定专人参加,形成部门工作合力。领导小组办公室适时组织召开"绿水青山就是金山银山"实践创新基地建设部门联席会议,结合实践创新基地建设年度计划实施情况评估,重点研究年度目标、"两山指数"、重点任务、重点工程项目的滞后情况及推进措施。

9.3 资金保障机制

9.3.1 统筹整合财政资金

州财政局与生态环境局、自然资源和规划局、文化和旅游局等"绿水青山就是金山银山"实践创新基地建设成员单位建立涉及资金统筹整合的会商协调机制,在预算编制、资金分配、预算下达、预算执行、绩效评价等各个环节细化工作措施,落实建设任务,以提升资金使用效益。开展项目联合申报,建立"绿水青山就是金山银山"实践创新基地建设规划重点项目库,进行工程项目预算资金的联合申报,积极争取国家、省各级生态保护与建设资金。统筹整合资金,重点支持"绿水青山就是金山银山"实践创新基地创建申报、后评估及动态管理过程中的技术咨询、专题研究与宣传推广、重点工程项目、相关科技人才引进等方面,提高转化效率。

9.3.2 鼓励社会资本融入

通过政府引导、企业和社会参与、市场化运作的方式,结合银行"存、贷"特性,对碎片化的生态资源进行规模化的收储、专业化的整合、市场化的运作,将闲置的生态资源转化为优质资产包。通过对恩施州内山、水、林、田、湖、草等自然资源和生态环境要素,以及适合集中经营的农村宅基地、集体经营性用地、农房、古村、古镇、老街、闲置国有资产等资源资产进行摸底、确权评估后,再选择合适资源进行收储,经过整合提升、项目化包装后推向市场,引入社会资本和运营管理方,实现生态资源向资产、资本的高水平转化。

9.4 引导与宣传机制

9.4.1 加强学习与经验交流

定期整编国家和省级层面关于开展"绿水青山就是金山银山"转化实践的政策文件,

制作文件汇编，加强理论与实践经验学习。结合恩施州推进"绿水青山就是金山银山"转化过程中的重难点，组织邀请国家和省内相关领域高水平专家，常态化组织开展相关理论与实践的专家辅导会或培训会，适时举办研讨会，加强理论和实践指导。建立与省内外其他"绿水青山就是金山银山"实践创新基地的联系交流渠道，常态化开展学习与经验交流，每年组织开展 1～2 次实地调研活动，学习先进模式、分享经验、取长补短。

9.4.2　做好案例收集与汇编

密切关注省内外"绿水青山就是金山银山"实践创新基地建设先进地区的工作进展，收集整理典型案例和经验模式。此外，遵循因地制宜的原则引导和鼓励各县（市）在符合地方实际的基础上探索转化实践路径，并在探索过程中不断学习宝贵经验并吸取教训，逐步形成特色的转化模式，打造"绿水青山就是金山银山"转化的本土模式与案例。做好恩施州本土转化典型案例和模式的总结与提炼，各县（市）要及时向州领导小组办公室报送典型案例，扩充典型案例库。持续开展省内外和恩施州本地典型案例的汇编，制作典型案例集和宣传画册并动态更新，将其作为宣传推广的重要素材。

9.4.3　拓宽宣传教育渠道

加强"绿水青山就是金山银山"建设成效宣传与推广。加强对改革任务落实情况的跟踪督察，定期对实践创新基地建设情况开展自查评估。对试行有效、值得推广的做法及时总结提炼提升。将"绿水青山就是金山银山"建设宣传教育纳入生态文明建设宣传教育体系，制订宣传计划，推进教育进机关、进校园、进企业、进农村、进社区。在州人民政府网站开设专栏，广泛宣传绿水青山就是金山银山理念、恩施进展及典型案例。利用国家、省、州本级的主流媒体、网络平台及自媒体等，加大对恩施州"绿水青山就是金山银山"实践创新基地建设的宣传推介力度。制作宣传视频、画册及环保手提袋等，结合环保世纪行、世界环境日、生物多样性日、世界低碳日、全国生态日等重要时间节点，广泛开展宣传活动。通过书法展、画展、摄影展等丰富宣传形式。

9.4.4　鼓励公众参与共建

开发恩施州"绿水青山就是金山银山"建设微信小程序，开展"绿水青山就是金山银山"基地建设积分活动，通过参与绿色环保活动、拍摄宣传视频及照片、文创建议等形式，获得的"绿水青山就是金山银山"积分可以兑换相应礼品奖励，对于优秀作品可以优先在恩施州主要媒体发表，并推荐至国家和省主要媒体，提高公众参与的积极性。

9.5 科技与人才支撑机制

开展生态产品价值实现理论、方法、评估等方面的研究，促进研究成果转化，是推动"绿水青山就是金山银山"高效转化的有力支撑。恩施州深谙人才与科技对生态产品价值实现的重要作用，着力建立健全人才科技支撑机制，促进地方生态优势更快更好地转化为经济优势。

9.5.1 加强基础研究与成果转化

坚持以"用"为导向，坚持"开门问策、集思广益"，向"外脑"借力，围绕"绿水青山就是金山银山"理念、生态系统价值核算、生态环境保护、生态产业发展、转化体制机制等重点领域面临的重点和难点问题，采取设立系列微课题的形式，吸纳优秀的专家团队开展相关研究，为恩施州"绿水青山就是金山银山"实践创新基地建设提供全方位智力支撑。同时，注重微课题的规范化管理与成果凝练，形成高质量的研究成果，服务"绿水青山就是金山银山"转化管理决策。推进科技平台建设，突出恩施州作为"世界硒都"的特点，加快推进湖北省硒研发技术创新中心、湖北恩施道地药材产业技术研究院建设。积极开展校企合作，培养专业型人才，促进科技成果转化。

9.5.2 加强人才培养与团队建设

加强基层人员能力建设，强化业务培训和职业素养教育，提高基层工作人员的业务工作能力和职业道德水平，重点提升领导干部职业素质。创新科研合作人才培养模式，积极开展与科研院所、高等院校合作交流，安排相关专业骨干参与科研课题研究，建立特聘专家、项目合作、兼职等灵活的用人机制，通过联合开展科研项目培养基层人才。推动基层人才队伍建设，引进高素质人才充实科技队伍。健全人才队伍管理机制，建立严格的准入机制、监管机制和考核机制，完善人才奖励制度。促进湖北民族大学、湖北恩施学院科研力量与恩施州的产业方向结合，优化学科设置，培养"绿水青山就是金山银山"建设人才。完善人才政策，聚焦生态产品价值实现、前沿生态技术研究等方向，面向全国引进"绿水青山就是金山银山"建设创新型复合人才。

参考文献

[1] 中共中央宣传部，中华人民共和国生态环境部. 习近平生态文明思想学习纲要[M]. 北京：学习出版社，2022.

[2] 求是网. 习近平：高举中国特色社会主义伟大旗帜 为全面建设社会主义现代化国家而团结奋斗——在中国共产党第二十次全国代表大会上的报告[EB/OL]. （2022-10-25）[2024-02-08]. http://www.qstheory.cn/yaowen/2022-10/25/c_1129079926.htm.

[3] 倪琳，许芷鸥，梁雨. 数字金融对绿色经济效率的影响——基于"两山"理论的研究[J]. 江苏大学学报（社会科学版），2024，26（5）：56-71，114.

[4] 石春娜，姚顺波. 生态马克思主义视角下的"绿水青山就是金山银山"理论内涵浅析[J]. 林业经济，2018，40（3）：7-10.

[5] 杨莉，刘海燕. 习近平"两山理论"的科学内涵及思维能力的分析[J]. 自然辩证法研究，2019，35（10）：107-111.

[6] 杨卫军，邬红梅. 习近平"两山论"的深刻内涵及其时代价值[J]. 中学政治教学参考，2021（8）：35-37.

[7] 江小莉，温铁军，施俊林. "两山"理念的三阶段发展内涵和实践路径研究[J]. 农村经济，2021（4）：1-8.

[8] 郭华巍. "两山"重要理念的科学内涵和浙江实践[J]. 人民论坛，2019（12）：40-41.

[9] 刘勇. "两山论"对新质生产力的绿色赋能[J]. 理论与改革，2024（3）：1-11.

[10] 何龙斌. 生态产品价值实现助推乡村产业振兴：基本逻辑、内在机理与实现路径[J]. 农村经济，2024（1）：64-73.

[11] 罗琼. "绿水青山"转化为"金山银山"的实践探索、制约瓶颈与突破路径研究[J]. 理论学刊，2021（2）：90-98.

[12] 裴士军. "双碳"目标下"绿水青山就是金山银山"理念的三维认知探新[J]. 云南社会科学，2023（1）：11-18.

[13] 王金南，苏洁琼，万军. "绿水青山就是金山银山"的理论内涵及其实现机制创新[J]. 环境保护，2017，45（11）：13-17.

[14] 沈满洪. "两山"重要思想的理论意蕴[N]. 浙江日报，2015-08-12（4）.

[15] 赵建军. "两山论"是生态文明的理论基石[N]. 中国环境报，2016-02-02（3）.

[16] 陈倩倩. 习近平"两山理论"的生态伦理内涵探析[J]. 学校党建与思想教育, 2021 (14): 25-27.

[17] 杨向荣, 陈琴. 习近平"绿水青山就是金山银山"理念的生态学阐析[J]. 湖南省社会主义学院学报, 2022, 23 (6): 35-39.

[18] 黄承梁. 以人类纪元史观范畴拓展生态文明认识新视野——深入学习习近平总书记"金山银山"与"绿水青山"论[J]. 自然辩证法研究, 2015, 31 (2): 123-126.

[19] 赵建军, 杨博. "绿水青山就是金山银山"的哲学意蕴与时代价值[J]. 自然辩证法研究, 2015, 31 (12): 104-109.

[20] 卢宁. 从"两山理论"到绿色发展:马克思主义生产力理论的创新成果[J]. 浙江社会科学, 2016 (1): 22-24.

[21] 郇庆治. 社会主义生态文明观与"绿水青山就是金山银山"[J]. 学习论坛, 2016, 32 (5): 42-45.

[22] 周宏春. "两山"重要思想是中国化的马克思主义认识论[M]//中共浙江省委宣传部. 绿水青山就是金山银山理论研讨会论文集·理论篇. 杭州:浙江人民出版社, 2015.

[23] 胡咏君, 谷树忠. "绿水青山就是金山银山":生态资产的价值化与市场化[J]. 湖州师范学院学报, 2015, 37 (11): 22-25.

[24] 杜艳春, 程翠云, 何理, 等. 推动"两山"建设的环境经济政策着力点与建议[J]. 环境科学研究, 2018, 31 (9): 1489-1494.

[25] 洪晓群. 强区大鹏, "两山"实践创新能力多强?[J]. 中国生态文明, 2021 (5): 38-41.

[26] 张修玉, 滕飞达, 马秀玲, 等. 科学探索"两山"转化的理论与实践[J]. 中国生态文明, 2021 (5): 35-37.

[27] 中华人民共和国生态环境部. 推动绿色发展(16)| 红色圣地谱写绿色篇章 看贵州赤水如何践行"两山"理念[EB/OL]. [2019-09-26][2024-02-08]. https://www.mee.gov.cn/xxgk2018/xxgk/xxgk15/201909/ t20190926_735826.html.

[28] 中央党校第 46 期中青一班学员调研课题组, 刘苏社. 做好山水特色文章 探索绿色发展新路:福建省南平市践行"两山"理论的探索与实践[J]. 发展研究, 2019 (10): 66-70.

[29] 车明丰, 王红云. 滨海地区"两山"实践的荣成探索 荣成好运角旅游度假区打通"两山"转化通道, 跑出文旅产业高质量发展"加速度"[J]. 中国生态文明, 2022 (3): 49-53.

[30] 张彦丽, 丁莘华, 张亚峰. 乡村绿水青山转化为金山银山实践路径研究:以蒙阴"两山"实践创新基地为例[J]. 中国生态文明, 2020 (6): 69-75.

[31] 邓建军. 金融支持"两山"转化的上饶样本[J]. 中国金融, 2024 (8): 91-92.

[32] 李歆, 邱哲, 许荣斌. 万安构建"两山"转化全链条发展体系[N]. 江西日报, 2024-07-16 (1).

[33] 田安利, 刘铭洁. 湖北五峰:用档案拓展"两山"转化新路径[J]. 中国档案, 2024 (8): 81.

[34] 董战峰, 张哲予, 杜艳春, 等. "绿水青山就是金山银山"理念实践模式与路径探析[J]. 中国环境管理, 2020, 12 (5): 11-17.

[35] 容冰,杨书豪,储成君,等. 县域打通"绿水青山就是金山银山"理念转化通道的典型模式研究[J].
中国环境管理,2021,13(2):20-26.

[36] 蔡蕾. "两山"实践创新的平台、路径和方向——"绿水青山"与"金山银山"双向转化路径与
实现机制论坛综述[J]. 中国生态文明,2022(6):25-29.

[37] 肖琪. 生态文明示范创建"两山"转化向纵深发展[N]. 中国环境报,2022-09-27(2).

[38] 孙崇洋,程翠云,段显明,等. "两山"实践成效评价指标体系构建与测算[J]. 环境科学研究,2020,
33(9):2202-2209.

[39] 高涵,叶维丽,彭硕佳,等. 基于绿色全要素生产率的"两山"转化效率测度方法[J]. 环境科学研
究,2020,33(11):2639-2646.

[40] 张礼黎,胡宝清,张泽,等. 基于能值的广西"两山"价值转化评价[J]. 湖南师范大学自然科学学
报,2024,47(2):44-51.

[41] 朱佳天,胡涛,冯晓飞,等. 区域"两山"转化评价指标体系研究[J]. 环境科学与技术,2022,45
(S1):356-366.

[42] 陈梅,纪荣婷,刘溪,等. "两山"基地生态系统生产总值核算与"两山"转化分析:以浙江省
宁海县为例[J]. 生态学报,2021,41(14):5899-5907.

[43] 翟华云,李岱玲,李青原. 西部民族地区"两山"转化指数测度及对共同富裕影响效应研究[J]. 统
计与决策,2023,39(16):32-36.

[44] 叶瑞克,吴慧婷,胡安,等. 高质量发展与"两山"转化:测度及时空演进[J]. 生态经济,2023,
39(5):211-221.

[45] 倪琳,梁雨. 长江经济带"两山"实践成效测度及其时空演替[J]. 资源开发与市场,2022,38(12):
1451-1460.

[46] 浙江省林业局. 湖州市发布"绿水青山就是金山银山"转化绩效评价指南[EB/OL]. (2021-12-23)
[2024-02-08]. http://lyj.zj.gov.cn/art/2021/12/23/art_1285508_59023296.html.

[47] 山东省生态环境厅. 山东省生态环境厅关于印发《山东省省级生态文明建设示范区管理规程》《山
东省省级生态文明建设示范区指标》和《山东省省级"绿水青山就是金山银山"实践创新基地建
设管理规程(试行)》的通知[EB/OL]. (2020-04-03)[2024-02-08]. http://xxgk.sdein.gov.cn/zfwj/lhf/
202004/ t20200415_3073804.html.

[48] 海宁市人民政府. 全省首个镇(街道)"两山"转化指数在海宁发布[EB/OL]. (2022-08-16)
[2024-02-08]. http://www.haining.gov.cn/art/2022/8/16/art_1229519873_59028578.html.

[49] 王金南,王夏晖. 推动生态产品价值实现是践行"两山"理念的时代任务与优先行动[J]. 环境保护,
2020,48(14):9-13.

[50] 罗琼. "绿水青山"转化为"金山银山"的实践探索、制约瓶颈与突破路径研究[J]. 理论学刊,2021
(2):90-98.

[51] 徐剑，齐佳音，于法稳. 深化"两山论"助推共同富裕路径研究：浙江案例[J]. 生态经济，2023，39（8）：210-218.

[52] 胡咏君，吴剑，胡瑞山. 生态文明建设"两山"理论的内在逻辑与发展路径[J]. 中国工程科学，2019，21（5）：151-158.

[53] 于倩楠，彭勇，刘政. 基于主体功能区的"两山"转化路径探索研究：以九寨沟县和恩阳区为例[J]. 西南农业学报，2020，33（10）：2325-2331.

[54] 张波，白丽媛. "两山理论"的实践路径：产业生态化和生态产业化协同发展研究[J]. 北京联合大学学报（人文社会科学版），2021，19（1）：11-19，38.

[55] 张云飞. "绿水青山就是金山银山"的丰富内涵和实践途径[J]. 前线，2018（4）：13-15.

[56] 马玲娜，王继军，连坡，等. 陕北退耕区域"两山论"的实现路径：商品型生态农业[J]. 水土保持研究，2023，30（4）：447-453.

[57] 胡继妹. 多维度解读"两山"理念的科学内涵[N]. 青海日报，2019-08-05（10）.

[58] 王茹. 基于生态产品价值理论的"两山"转化机制研究[J]. 学术交流，2020（7）：112-120.

[59] 朱竑，陈晓亮，尹铎. 从"绿水青山"到"金山银山"：欠发达地区乡村生态产品价值实现的阶段、路径与制度研究[J]. 管理世界，2023，39（8）：74-91.

[60] 齐月，李俊生. "绿水青山就是金山银山"转化模式探讨[J]. 生态经济，2024，40（3）：215-219.

[61] 王爱国，周信智. "绿水青山转化为金山银山"的理论逻辑和实践路径[J]. 东岳论丛，2023，44（1）：56-64.

[62] 林智钦，林宏赡. 坚持和完善生态文明制度体系研究：基于"两山"理念、生态优先、价值转化的视角[J]. 中国软科学，2024（S1）：259-277.

[63] 中华人民共和国中央人民政府. 书写美丽中国新画卷——习近平总书记引领生态文明建设的故事[EB/OL].（2023-08-14）[2024-02-08]. https://www.gov.cn/ldhd/2013-09/08/content_2483565.htm.

[64] 习近平. 之江新语[M]. 杭州：浙江人民出版社，2007.

[65] 新华网. 习近平的"两座山论"有了顶层设计[EB/OL].（2015-09-12）[2024-02-08]. http://www.xinhuanet.com/politics/2015/09/12/c_128222364.htm.

[66] 中华人民共和国中央人民政府. 习近平在哈萨克斯坦纳扎尔巴耶夫大学的演讲[EB/OL].（2013-09-08）[2024-02-08]. https://www.gov.cn/ldhd/2013-09/08/content_2483565.htm.

[67] 习近平. 论坚持人与自然和谐共生[M]. 北京：中央文献出版社，2022.

[68] 中共中央　国务院关于加快推进生态文明建设的意见[EB/OL].（2015-05-05）[2024-02-08]. https://www.gov.cn/zhengce/202203/content_3635178.htm.

[69] 中华人民共和国中央人民政府. 黑土地上书写"春天的答卷"——黑龙江落实习近平总书记全国两会重要讲话精神纪实[EB/OL].（2019-02-21）[2024-02-08]. https://www.gov.cn/xinwen/2019-02/21/content_5367420.htm.

[70] 浙江省生态环境厅. 深入探索可复制可推广模式示范引领全国生态文明建设 环保部命名首批"两山"理论实践创新基地[EB/OL]. （2017-09-22）[2024-02-08]. http://sthjt.zj.gov.cn/art/2017/9/22/art_1201344_12304672.html.

[71] 习近平：决胜全面建成小康社会 夺取新时代中国特色社会主义伟大胜利——在中国共产党第十九次全国代表大会上的报告[EB/OL]. （2017-10-27）[2024-02-08]. https://www.gov.cn/zhuanti/2017-10/27/content_5234876.htm.

[72] 中华人民共和国生态环境部. 关于命名浙江省安吉县等13个地区为第一批"绿水青山就是金山银山"实践创新基地的通知[EB/OL]. （2017-09-18）[2024-02-08]. https://www.mee.gov.cn/gkml/hbb/bgt/201709/t20170925_422227.htm.

[73] 习近平出席全国生态环境保护大会并发表重要讲话[EB/OL]. （2018-05-19）[2024-02-08]. https://www.gov.cn/xinwen/2018-05/19/content_5292116.htm.

[74] 中华人民共和国生态环境部. "绿水青山就是金山银山"实践创新基地建设管理规程（试行）[EB/OL].（2019-09-19）[2024-02-08]. https://www.mee.gov.cn/xxgk2018/xxgk/xxgk03/201909/W020190919344656 829212.pdf.

[75] 中国共产党第十九届中央委员会第五次全体会议公报[EB/OL]. （2020-10-29）[2024-02-08]. https://www.gov.cn/xinwen/2020-10/29/content_5555877.htm.

[76] 中共中央 国务院关于深入打好污染防治攻坚战的意见[EB/OL]. （2021-11-02）[2024-02-08]. https://www.gov.cn/gongbao/content/2021/content_5651723.htm.

[77] 习近平. 高举中国特色社会主义伟大旗帜 为全面建设社会主义现代化国家而团结奋斗——在中国共产党第二十次全国代表大会上的报告[M]. 北京：人民出版社，2022.

[78] 习近平在全国生态环境保护大会上强调：全面推进美丽中国建设 加快推进人与自然和谐共生的现代化[EB/OL].（2023-07-18）[2024-02-08]. https://www.gov.cn/yaowen/liebiao/202307/content_6892793.htm.

[79] 关于印发全国主体功能区规划的通知[EB/OL]. （2010-12-21）[2024-02-08]. https://www.gov.cn/gongbao/content/2011/content_1884884.htm.

[80] 恩施市土家族苗族自治州人民政府. 托起千亿硒产业 恩施阔步流星[EB/OL]. （2018-09-27）[2024-02-08]. http://www.enshi.gov.cn/ly/jjes/201811/t20181102_567579.shtml.

[81] 王明安，刘旭芳. 城市生态文化培育的必要性与对策研究：以常德市为例[J]. 生态经济，2017，33（9）：219-223.

[82] 汪劲. 中国生态补偿制度建设历程及展望[J]. 环境保护，2014，42（5）：18-22.